JN024114

法学から考える ESGによる投資と経営

Social
Governance
Environment

大塚章男 著
Otsuka Akio

同文舘出版

はしがき

この10年間のコーポレートガバナンス分野における進展は目覚ましいものがありました。2008年の世界金融危機を経て企業の中長期的な成長に目が向けられ，多くの国でコーポレートガバナンス・コードやスチュワードシップ・コードが制定されました。短期的な投資や株主利益中心の経営に対する反省によるものであり，企業の中長期的な価値向上を重視したESG投資（環境・社会・ガバナンス要素を考慮した投資）への流れを示しています。これは株式保有構造の変化も影響しています。機関投資家が台頭し株式市場の多くを占めるようになりました。パッシブファンドを中心とした機関投資家も企業の中長期的な発展が経済発展につながることを認め，企業のガバナンス，また機関投資家の投資先企業への関与の重要性に目覚めたといえます。このうねりはソフトローの点からも首肯できます。

イギリスにおけるコーポレートガバナンス・コードの初版は1992年のキャドバリー報告書ですが，その約20年後，財務報告協議会（Financial Reporting Council：FRC）が従来の統合規範を投資家側，発行体側とに分け，前者を「スチュワードシップ・コード」，後者を「コーポレートガバナンス・コード」として2010年６月に公開し，新たにスタートを切りました。ガバナンス・コードはその後2012年，2014年，2016年，2018年と２年ごとに改訂がなされています。イギリスのStewardship Code制定は世界初でしたが，これも2012年，2020年と改訂が進みました。

わが国はといえば，イギリスを模範とし，金融庁が2014年に日本版スチュワードシップ・コード（「責任ある機関投資家」の諸原則）を制定・公表し，2017年，2020年と改訂がなされました。さらに金融庁と東京証券取引所が中心となって「日本版コーポレートガバナンス・コード」をまとめ，2015年に公表し，2018年に改訂がなされました。

他方でアメリカはregulationの国であり，英日流のcomply or explainルールは採用していません。また，長く株主利益最大化モデルを信奉してきたアメリカですが，主要企業のCEOをメンバーとする経済団体であるビジネス・ラウンドテーブルは，2019年８月「米経済界は株主だけでなく従業員や地域社会などすべての利害関係者に経済的利益をもたらす責任がある」とする声明を発表しました。長年の株主至上主義に形式的にですが別れを告げた格好です。

さらに2020年の世界経済フォーラム年次総会（ダボス会議）は，「結束し持続可能な世界へのステークホルダー」というテーマを掲げました。シュワブ会長は会議に先立ち，「ステークホルダー・キャピタリズムの概念に具体的な意味をもたせたい。パリ協定と持続可能な開発目標（SDGs）に向けた進捗状況を監視している各国政府と国際機関に貢献したい」と語っていました（日経Web2020.2.3)。

現代は企業ガバナンスやエクイティ投資の分野において変革期にあるといえます。コーポレートガバナンスやスチュワードシップについては，経済学・経営学の研究者，あるいは法学実務家から多くの書籍が公表されています。しかしながら，法学の研究者からわかりやすく説かれた書籍は意外にありません。研究者として浅学非才の身ですが，今後のこの分野における研究の一助にと念じて出版に踏み切りました。日本学術振興会から科研費を得て７年間に亘って研究を継続できたことが契機となっており，ここに感謝の意を表したいと思います。またこの間，アメリカで多くの研究者と会うことができ大いに刺激を受けました。これもかけがえのない財産となっています。

本書の企画・出版については，同文舘出版編集部の青柳裕之氏に大変にお世話になりました。企画段階から脱稿までさまざま有益な示唆をいただきました。ここに謝意を表します。

最後に研究を温かく見守ってくれた家族にこの場を借りて感謝の気持ちを伝えたいと思います。

2021年１月

筑波大学東京キャンパスの研究室にて

大塚　章男

法学から考えるESGによる投資と経営

目　次

第9章 ESG投資と変化 183

法学から考える
ESGによる投資と経営

第1章

ESG投資の概要

I　ESGとは　ESG投資とは

ESG投資とは，従来の財務情報だけでなく，Environment（環境），Social（社会），Governance（コーポレートガバナンス）の3つの観点から企業の将来性や持続性などを分析・評価した上で，投資先企業を選別する投資方法です。これまでの投資方法では，企業の業績や財務状況などの財務情報が，投資を判断する上での主要な評価資料とされてきました。しかし，最近では企業の持続性や長期的な収益性を判断するには財務情報だけでは十分ではないと考えられるようになりました。財務情報以外の情報，すなわち「環境問題への取組み」「従業員への配慮」「コンプライアンス体制の確立」などのESG課題への取組みが評価され，投資先が選定されています。特に，年金基金など複数の世代にわたり大きな資産を超長期で運用する機関投資家を中心に，企業経営のサステナビリティーを評価する観点から，長期的なリスク・マネジメントや企業の新規収益創出の事業機会（ビジネス・オポチュニティ）のベンチマークとしてESGが注目されているのです。

「ESG」という用語は現在，機関投資家や投資専門家によって，持続可能性対策や環境，社会，ガバナンスの実践を実装するためだけでなく，企業の財務実績に影響を与えるすべての非財務基盤にも特に使用されています。このようにESGベースの投資は財務会計に不可欠な要素になりつつあります。なお，ESG投資は，リスクを回避するだけでなく，ESG課題への取組みを事業機会として活用するといった積極的側面も含んでいることに注意してください。

ESG投資のルーツは，1980年代に出現した社会的責任投資（Socially Responsible Investment：SRI）運動にあるといわれています。SRIの基礎にある企業の社会的責任（Corporate Social Responsibility：CSR）は，「遵守すべき法規制や慣習を超えて，基本的人権の尊重，環境保護，社会の発展，利害関係人の利益の適切な調整といった観点から，企業の持続的発展を支えるためになされる企業の自主的な取組み」と定義されています。一般には企業の慈善活動などの社会貢献（フィランソロピー等）といわれるものです。SRIはそういった取組みを評価して行う投資です。SRIがまずは倫理的な価値観を重視することが多いとされるのに対し，ESG投資は長期的にリスク調整後のリターンを改善することを目的としているといわれています。ステークホルダー理論（企業を取り巻く利害関係人（広く環境・コミュニティを含む）の利益を重視する理論）は1963年にアメリカSRIインターナショナルの内部のメモで初めて使われたとされます。これはステークホルダー利益と社会的責任との密接さを示すものです。なお，日本証券業協会（日証協）では，ESG，SRI，インパクト投資等を総称する統一呼称として，SDGs（Sustainable Development Goals，持続可能な開発目標）を用いることとしています。ESGとSRIとの違いについては第8章で後述します。

ESGのうち，会社法においてGつまりコーポレートガバナンスはこれまでも核心の課題でしたが，環境や社会的課題について，これを考慮できるか，また考慮すべきかなどについては議論が十分なされていませんでした。会社法の外でも，ESG投資は機関投資家による投資「信託」の論点を含んでいます。本書はこうした問題を法学の観点から考えてみようというものです。前半はアメリカ，イギリスと日本の比較から始め，後半はESGとコーポレートガバナンスや投資との関連に関する個別の論点につき解明していきたいと思います。

Ⅱ 環境(Environment)・社会(Social)・コーポレートガバナンス(Governance)の要素

ESG要素についてどのような要素を取り上げるかは，そもそも難しい問題です。ESGについての評価項目について，FTSE Russell（イギリス・ロンドン）のFTSE ESG Ratingsのテーマ（2019年改訂）を参考にしながら以下に掲げてみます。

環境要因として，FTSEでは，気候変動，水利用（水の安全保障），生物の多様性，汚染と資源，環境的サプライチェーンを挙げています。その他にも，温室効果ガスの削減（炭素排出），エネルギー効率，廃棄物管理，森林破壊，クリーン技術の開発といったサステナビリティー・ポリシーなども含まれるでしょう。

社会的要因は，職場と社会地域における責任の両方を含んでいます。FTSEは，健康と安全，労働基準，人権と地域社会，顧客に対する責任，社会的サプライチェーンを掲げます。重複もありますが，労働環境への配慮，差別・児童労働・強制労働の禁止，多様性の確保，製造責任，並びに従業員，顧客，サプライヤーおよび地域住民の健康と安全の確保なども含まれます。

ガバナンスの要因として，FTSEは，腐敗防止，税の透明性，リスク・マネジメント，コーポレートガバナンスを掲げます。さらに，取締役会の多様性の確保と説明責任の強化，役員報酬，株主およびその他の利害関係者に対する監査と透明性，ロビー活動，政治献金が含まれます。

なおGRIスタンダードも参考になります。GRIは，Global Reporting Initiativeの略です。本部をオランダのアムステルダムに置くサステナビリティー報告書のガイドラインを制定している国際的な非営利団体です。すべての組織に適用される3つのUniversal Standardと，各組織が重要な課題として選択的に適用する33項目のTopic-specific Standard（経済，環境，社会に大区分されています）とで構成されています。GRIスタンダードは，Bloomberg，NASDAQ，Reutersなどの主要な金融情報機関により，企業のESG情報を分析するために使用されています。GRIスタンダードは，ESG要素ではなく，上記のように，共通項目と経済，環境，社会項目に区分されていることが異なっています。

Ⅲ なぜESGが注目されているか

近年，ESG投資の視点が重視されてきていますが，これは企業の中長期的かつ持続可能な成長のためには，ステークホルダーの利益（環境や社会問題）を取り込むことが不可欠であるという観点からです。より端的にいえば，短期的にすばらしい財務指標を達成していたとしても，無理な事業展開を強行したことによって達成された場合もあり，これは将来に「環境汚染・労働問題・不祥事」といった事態を引き起こす致命的なリスクを抱えている可能性があるということです。こういった懸念を抱くようになった1つの大きな原因は，2008年のリーマン・ショックを引き金とする世界金融危機を経験し短期的リターンのみを目指すことのリスクを認識したことによります。機関投資家は，ポートフォリオ企業の長期的なパフォーマンスとリスクの管理に役立つ幅広い情報を求めており，このような機関投資家にとって，ESG要素の統合に関する情報は投資先の選択に際し不可欠な情報となっています。機関投資家からのそのような情報提供の圧力に応えて，ほとんどの大手公開企業はESGを含む非財務情報をむしろ自主的に提供しようとしています。

またこれは，2015年の国連のサミットで採択された持続可能な開発目標（Sustainable Development Goals：SDGs）とも合致しています。SDGsは17の目標と169のターゲットのゴールを定めており，このターゲットの達成を2030年までに目指す取組みです。目標達成に貢献するのは企業だけではなく，中央政府や地方自治体，NGO・NPO，大学なども含まれています。ESGを意識した企業活動により企業のサステナビリティーが向上し，将来的にSDGsの目標達成にも貢献するという関係です。

もちろんESG要素の考慮は世界金融危機を契機に始まったことではありません。G，つまりコーポレートガバナンスの構築は2000年代以降引き続き重要な論点でした。さらに，社会的要素（Social）として，サプライチェーンにおける人権侵害の企業経営へのインパクトが重大であることを示す著名な例もあります。

ナイキ社では1997年，インドネシア，ベトナムなどの東南アジアの工場における低賃金労働，劣悪な環境での長時間労働，児童労働，強制労働が発覚しました。国際NGO（非政府組織）は性的暴行や少女らの尊厳を傷つける行為も一部で強要されていたと指摘し，世界中でナイキの不買運動が起きました。1998年から2002年までの５年間でナイキは121億8,000万ドルの売上高を失ったとされます。これは同企業の連結売上高の約26％に相当し，企業経営にとって致命的な規模です。これを契機に企業の責任として，サプライヤーの労働環境や安全衛生状況の確保，児童労働を含む人権問題に取り組まなければならないことが認識されました。サプライチェーン全体を通じて「企業の社会的責任」を果たさなければならないということです。

国際的な枠組みとして，2011年に国連人権理事会で承認された「ビジネスと人権に関する指導原則」が1つの転換点となりました。その後，2012年にカリフォルニア州サプライチェーン透明法（California Transparency in Supply Chains Act）が制定され，同州で事業を行う世界売上高1億ドル（約112億円）以上の小売業者や製造業者に，サプライチェーン上の強制労働，児童労働，人身取引，奴隷労働をなくすために努力し，その取組みを開示することが求められています。また，イギリスで2015年に制定されたイギリス現代奴隷法（Modern Slavery Act 2015）では，イギリスで事業を行う世界売上高3,600万ポンド（約50億円）以上の企業に対して，グローバルなサプライチェーン上における強制労働や人身取引の有無やリスクを確認し，「奴隷と人身取引に関する声明」を会計年度ごとに開示する義務が課されています。

しかし，日本企業の中では人権尊重に対する意識がまだ低いといわれています。人権軽視は投資インパクトにも影響があります。ESG投資がグローバルに拡大する中，人権侵害の発覚が投資判断のマイナス材料になる可能性は高まっています。

Ⅳ 2006年国連の責任投資原則（PRI）とは

このような社会の変化は，国連の責任投資原則（Principles for Responsible Investment：PRI）が1つの契機となっています。

PRIは，「環境，社会，ガバナンスの課題と投資の関係性を理解し，署名機関がこれらの課題を投資の意思決定や株主としての行動に組み込む際に支援を提供することを目的」とするもので，2006年に国連主導で作成されたガイドラインです。当時国連事務総長であったコフィー・アナン氏のリーダーシップの下，企業に責任ある行動を求める国連グローバル・コンパクト（UNGC）と，金融機関に環境配慮行動を求める国連環境計画金融イニシアティブ（UNEP-FI）の２つのイニシアティブが共同で事務局を担い，欧米の大手機関投資家らの参加を得て策定，公表されました。

PRIの６原則は以下のとおりです。

1．投資分析と意思決定のプロセスにESG課題を組み込む。
2．活動的な株式所有者になり，株式の所有方針と株式の所有慣習にESG課題を組み込む。
3．投資対象の主体に対してESG課題について適切な開示を求める。
4．資産運用業界において本原則が受け入れられ，実行に移されるように働きかけを行う。
5．本原則を実行する際の効果を高めるために協働する。
6．本原則の実行に関する活動状況や進捗状況を報告する。

V　PRI署名機関の増加

PRIは，ESG要素が投資パフォーマンスに影響をもたらすという前提のもとに，ESG要素を用いたスクリーニングなどを投資プロセスに組み込むことにより企業の非財務情報をESGの観点から分析・

評価し，その結果を投資判断につなげて受益者（最終投資家）の長期的な利益の拡大を図るというものです。2008年のリーマン・ショック後の世界的な金融危機の後，資本市場において短期的利益を目指す投資への反省から持続可能な投資の需要が高まり，世界の多くの機関投資家がこのPRIへ署名するようになりました。なおPRIの表現を見ておわかりのように，従来のSRIではなく，“Socially”が抜けてResponsible Investment（RI）となっている点にも注意してください。

PRIの署名機関は，受託者責任に反しない範囲で，投資家として6原則を採用し実行することを約束することになります。特にアクティブオーナーとしてESG要素を組み込んだ株式保有方針や議決権行使・エンゲージメントを行うことが求められます（原則2）。ESG投資は自主的に行えます。しかし，PRIに署名をするということは，PRIに従ってESG投資をするというコミットメント（誓約）の表明に他ならないわけです。

2014年にはPRI署名機関は1,251機関でした。2015年にGPIF（年金積立金管理運用独立行政法人）がPRIに署名したことを受け，わが国の機関投資家にもPRI署名者が急増しESG投資が広がりました。ESG投資を含むグローバルで持続可能な投資は，2018年までに30兆ドルを超え，2016年から34％増加しました。かたやアメリカのSIF財団の報告によると，アメリカの持続可能な投資は2018年の初めまでに12兆ドルに達しました。これは，プロの管理下にあるアメリカの総資産46.6兆ドルの4分の1に相当します。2020年4月現在，世界で3,054社，日本で82社（アセットオーナー23社，運用機関49社，サービスプロバイダー10社）がPRIに署名しています。これには世界の主要な機関投資家の多くが含まれます。

第2章

株主構造の変化とESG

I ESG要素と企業を取り巻くステークホルダーの関係

ESG要素を考慮することは，従来の会社法の枠組みから見て，決して意外なものではありません。ESG要素としては，当然ながらGつまりコーポレートガバナンスを中心に語られてきました。いわゆる「企業は誰のものか」という議論において，株主（shareholders）とステークホルダー（stakeholders）の対立構造で論じられることが多かったと思います。アメリカで主流であった株主利益最大化理論からは，極端にいえばステークホルダー利益を捨て置いても株主利益最大化を図るべきだということになります。しかし，「企業の中長期にわたる持続可能性」＝ESG要素の考慮と捉えると，株主利益に対する見方が少し違ってきます。

企業を取り巻くステークホルダーとしては，従業員，顧客，サプライヤー，取引先，コミュニティ（地域社会），環境などが挙げられてきました。これらはESGの中のEとSの要素です。すなわち，ESG要素を考慮すること（ESGインテグレーション）はステークホルダー利益を考慮することとイコールということになります。たとえば，職場環境や労働条件の見直しを怠るとさまざまな労働問題を引き起こし，持続的な労働力を維持できなくなります。また，グローバル化を経てサプライチェーンを大きく拡張させた企業は，さまざまな地域・業種の取引先との関係を監視する必要があります。環境問題や消費者運動に対応するためにはできるだけ社会・環境に配慮した製品をマーケットに出していくことも求められます。こういったことがESG経営であり，見方を変えれば投資対象の企業の選別の基準となるわけです。

Ⅱ 日本での株主利益最大化の考え方

日本では一般に取締役の善管注意義務・忠実義務は会社に対し負うとされてきました。それは，会社法330条（善管注意義務）が会社と取締役との間の関係につき規定していること，355条（忠実義務）が会社のために忠実に職務を遂行することを求めていることといった規定ぶりも１つの根拠となっています。他方アメリカでは，会社か株主か特に意識されずに信認義務（fiduciary duty）の語が使用されてきています。これを議論する実益はどこにあるのでしょうか。株主に対する義務と考える（A説）と受認者として取締役は株主利益最大化の義務を負うという流れになるのでしょう（つまり株主利益最大化説）。会社に対する義務と考えると，会社＝株主とすれば（B1説）株主利益最大化説と同じこととなり，他方，会社＝株主を含むステークホルダーとすれば（B2説）ステークホルダー全体の利益を図るべきとするステークホルダー説に傾くことになるでしょう。もちろん，取締役は株主に対しステークホルダー利益の最大化を図る義務を負うという見解もあり得るので，誰に対する義務かという観点からは最終決定することはできないということになります。株主が取締役の選任解任権者であることを根拠にA説とする考えもありますが，これも決定打ではないと思われます。むしろ，取締役の義務がさまざまなステークホルダー利益を考慮する義務に及ぶとすれば，取締役の裁量を際限なく拡大することになり，結論として取締役の専横を許す（パフォーマンスが上がらない口実を許す）ことになるのではないかという点から，日本でも株主利益最大化モデルが有力に主張されてきました。

Ⅲ 証券市場の株主構造の変化—機関投資家の台頭

さて，まず最近の証券市場の変化について論じ，その中でESG投資の主たるプレーヤーである機関投資家について話をします。

会社株式の機関所有は過去数十年で著しく増加しました。アメリカでは，1980年代には企業の機関所有の平均シェアは20%～30%に増加し，2010年代までにはこのシェアは全体の65%以上になりました。一方，個人所有はそれに応じて80%から35%未満に減少しました。同じ業界の競合他社に株式を保有する機関投資家が保有する企業の割合も平均して4.5%から28%に増加しました。特に，1980年代半ばには，公的年金基金のアクティビズムの出現により，投資先企業への大規模な機関投資家の関与が劇的に増加しました。

機関投資家は，その構造，戦略，インセンティブにおいてそれぞれ異なっており，いくつかに分類されます。CalPERSなどの公的年金基金ですが，その管理者は政治家によって指名されるか，有権者によって直接選出されます。また，Vanguardなどの相互会社または非営利会社ですが，これはVanguardファンドが所有し，Vanguardの投資家が間接的に所有しています。さらに，BlackRockなどは営利目的のアセットマネージャーであり，一部は株式公開されています。

1 ファンドの運用の種類

資金の運用には，大きく分けてアクティブとパッシブの２つのタイプがあります。アクティブ運用されているファンドは，全体的な投資戦略で資産を売買する権限が与えられています。一方，パッシブファンド（インデックスファンドおよびETFs（Exchange Traded Funds））は，基礎となるインデックスに連動するよう設計されたミューチュアルファンドであり近年は株式投資で増加しています。ETFsはわが国では上場投資信託をいいます。パッシブファンドは現在，アメリカの株式ファンド資産全体の43%を占めており，何兆ドルもの投資資産を保持しています。BlackRock，Vanguard，State Street（いわゆる「ビッグスリー」）などにおけるトップのパッシブファンドのマネージャーは，アメリカの多くの公開企業で大きなブロック（株式の塊）を握っています。

一般投資家が少額な資金を投資しながらプロによる資産運用の成果を享受することができることから，ミューチュアルファンドは保有高を増加させていきました。このようにアメリカ証券市場においてミューチュアルファンドは大きな存在となったものの，パッシブファンドは投資先企業のコーポレートガバナンスへの関与に極めて消極的でした。

2　所有と経営の分離―バーリ＝ミーンズ型企業

では20世紀前半はどうだったのでしょうか。バーリ＆ミーンズの古典的名著『現代の企業と私有財産』[1]は，多くの上場会社で株主（個人株主）は広範に分散しており，単一の株主が市場で多数の株式を所有していないことを解明しました。彼らは，この現象を「所有と経営の分離」（以下「バーリ＝ミーンズ型企業」という）と称しました。所有は通常支配を伴います。しかし，上場企業の株式の所有構造は分散し支配的な株主が存在せず，株主は経営をモニタリング（監視）することもほとんどなく，非常に受動的であり配当を受けるだけの目的で資本を提供します。他方で，企業の資産，情報，お

1　Adolf A. Berle & Gardiner C. Means, THE MODERN CORPORATION AND PRIVATE PROPERTY (1932).

よび議決権行使のメカニズムを管理し支配する上級執行役員こそが，事実上，上場企業を支配しています。ここに所有と支配（経営）の分離が生じます。

バーリ＝ミーンズ型企業は，経営者が企業全体の価値を高める専門知識を備えたスペシャリストとして職務を遂行するという前提によって正当化されます。また，バーリ＝ミーンズ型企業では，経営陣がすべての株主に利益をもたらす方法で企業を運営する場合には株主に利益となります。これはエージェンシー・コストの問題に関係します。

3　エージェンシー・コストをどうするか

経営を取締役・役員に任せることからリスク，すなわちエージェンシー・コスト（agency cost）が生じます。1970年代以降，株主は株式会社の所有者で，経営者は株主の代理人として株主利益を最大化する責務を負っているとするエージェンシー理論が台頭します。エージェンシー理論では，プリンシパル（本人）とエージェント（代理人）はいずれも本人の効用を最大化しようとする主体であることが前提とされています。しかし，常にエージェントがプリンシパルの効用の最大化を目指しているとは限りません（利害の不一致の仮定）。そこで，プリンシパルはエージェントと利益が一致するように工夫されたインセンティブを提供し，モラル・ハザードや逆選択（adverse selection）が生じないようにモニタリング・コストを負担しなければなりません。また，経営者は自身の行動がプリンシパルの利害に合致していることを証明するために，ボンディング・コスト（たとえば経営者が財務諸表作成に費やすコスト）を負担しなければなりません。このように，エージェンシー理論においてはエージェンシー・コスト問題が最大の課題となります。

このような観点からエージェンシー・コストを削減するアプローチは，一般に，(i)プリンシパルによる監視，(ii)エージェントによる報告，(iii)プリンシパルとエージェントの利害の対立を減らすためのインセンティブの付与に分類されます。アメリカのコーポレートガバナンスは効率性を重んじ，エージェンシー・コストを可能な限り削減することに重点を置いています。つまり，所有と経営を分離することによる利益とコストのバランスを図ることに眼目があります。

なお，エージェンシー理論に対し，「スチュワードシップ理論」が唱えられているとも一部でいわれています。しかし，法学では「スチュワードシップ理論」の用語は寡聞にして聞きません[2]。

4 機関投資家の出現

20世紀中のほとんどの間，公開企業の所有は主に分散する個人株主の手中にありました。1900年代初頭には，アメリカの金融機関はコーポレートガバナンスに積極的に貢献しましたが，1930年代には証券法の制定により金融仲介業者の権限が制限され，コーポレートガバナンスにおける役割が減少していきました。1942年，アメリカ証券取引委員会（SEC）は，1934年証券取引所法14条(a)に基づいて株主提案規則を制定しました。それ以来，アクティビスト株主は，委任状争奪のプロセスを利用して，取締役と役員にビジネスポリシーと戦略を変更するよう圧力をかけてきました。特に，1980年代半ばには，公的年金基金のアクティビズムの出現により，大規模な機関投資家の関与が劇的に増加しました。機関投資家は，2000年アメリカ株式市場のシェアを51.4%に増やし，2005年にさらに61.2%に増加しました。

2 この用語は，James Davis, David Schoorman & Lex Donaldson, Toward a Stewardship Theory of Management, 22 Acad. Mgmt. Rev. 20（1997）に由来するものであり，2010年代には発見できません。

このように株式所有構造は変化し，民間および公的年金基金，保険会社，財団，基金，大学，銀行管理信託，ミューチュアルファンド，そしてさらにはプライベート・エクイティとヘッジファンドなどで構成される機関投資家による所有が増加しています。機関投資家は，個人投資家に比べて多くの株式を保有しており，これらの機関投資家が集団的に行動すれば企業に大きな影響を与えることができます。しかし，機関所有が増加しても，単独の機関投資家が個々の上場企業を支配することには通常なりません。しかもこれらの機関投資家の多くは（アクティビストを除き）企業に影響を及ぼす活動には関心がないのが普通です。特にインデックスファンドでは，積極的な活動はコストを増加させ，あるいは集団的行動（collective action）の問題に直面することになるため，必ずしも顧客・受益者に利益をもたらすとは限りません。この点は第7章で詳述します。

2010年代に入ってアクティビスト・ヘッジファンドが台頭し，他方，もともと大きな市場占有比率を有していたパッシブファンドは，ヘッジファンドの台頭を契機に関与を強め影響力を飛躍的に拡大していきました。これは世界金融危機を経験し，ポートフォリオ企業のモニタリングとエンゲージメントが重要であることを認識したからでもあります。さて，ビジネス戦略がまったく異なるアクティビスト・ヘッジファンドとパッシブファンドが今後どのようにして投資先企業のガバナンスを改善していくのかという論点については，以下（157～158頁）で述べたいと思います。

図表2-1　アメリカの証券市場

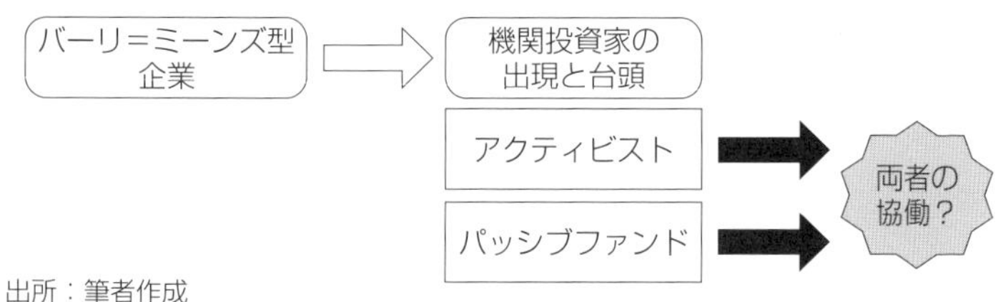

出所：筆者作成

5 機関投資家とインベストメント・チェーン

一口に機関投資家といっても種類はさまざまです。わが国の証券市場で考えれば，生命保険会社，損害保険会社，年金基金はアセットオーナーに区分され，信託銀行，投資運用会社は資産運用会社（アセットマネージャー）に区分されます。さらに，機関投資家を補助する議決権行使助言会社，格付機関，コンサルタントなどのサービスプロバイダーは現在では不可欠の機関となっています。これらの機関が鎖の連鎖になり，「顧客・受益者から投資先企業へと向かう投資資金の流れ（金融庁『日本版スチュワードシップ・コード』）」となっています。これをインベストメント・チェーンといいます。「様々な投資主体による長期的な価値創造を意識した，リターンを最終的に家計まで還元する一連の流れ（『日本再興戦略改訂2014』）」としてインベストメント・チェーンを高度化（最適化）していくことが求められています。少し詳しくみてみましょう。

インベストメント・チェーンは，資金の保有者であるアセットオーナー（資産保有者），アセットオーナーから資金の運用等を受託し自ら企業への投資を担うアセットマネージャー（運用受託者），アセットマネージャーから投資を受ける企業（投資先企業）という連鎖がメインストリームであります。さらにアセットオーナーやア

図表2-2　インベストメント・チェーン

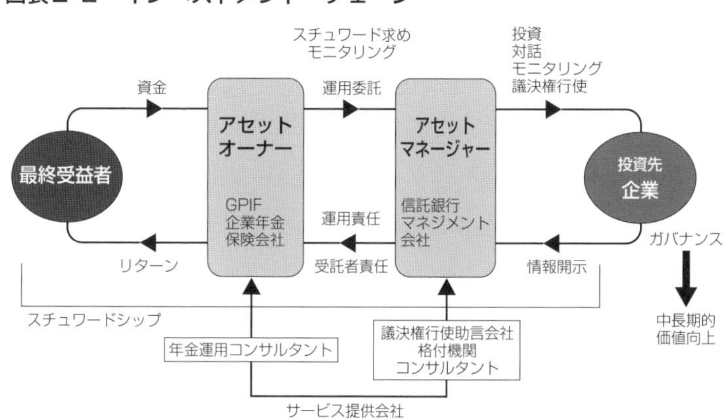

出所：筆者作成

セットマネージャーに投資戦略を助言する投資コンサルタントや証券会社，債券格付機関，ESGレーティング機関，議決権行使助言会社などの外部サービス提供会社もインベストメント・チェーンの参加者に含まれます（**図表 2 - 2**）。

具体的には，各国のスチュワードシップ・コードに従い，機関投資家には，インベストメント・チェーンにおける各々の役割に応じて，自らの責任を実質において適切に果たすことが期待されています（スチュワードシップ責任）。たとえばGPIF（年金積立金管理運用独立行政法人）は，アセットオーナーとして自らスチュワードシップ責任を実行するとともに，アセットマネージャーにスチュワードシップ責任の遵守を求めることになります。究極的には，機関投資家は，顧客・最終受益者のベスト・インタレストを自発的に考えて活動することでインベストメント・チェーンを有機的に結び付ける重要な役割を担っています。

「スチュワード」とは，もともと他人に代わってその事務や財産を管理する者をいいます。したがって，スチュワードシップはスチュワードの職自体や心構えのことであり，この概念はイギリスのコーポレートガバナンスの先駆けとなったキャドバリー報告書でも用いられています。キャドバリー報告書では，株主に対する取締役の責務という文脈でスチュワードシップの概念が用いられています。しかしこれは法的には受託者責任（fiduciary duty）の問題であります。スチュワードシップ責任は，その後策定されたスチュワードシップ・コードによって結実するわけですが，これは法的な受託者責任と異なるということが確認されました。この点については後述します。

第3章

イギリスの
コーポレートガバナンスと
スチュワードシップ

第３章から第５章では，イギリス，アメリカ，日本におけるESGを取り巻くコーポレートガバナンス，スチュワードシップ，非財務情報を含む情報開示の状況につき概観したいと思います（**図表３-１**）。イギリスとアメリカはコモンローの国ですがまったく別の発展を遂げていることがわかります。

ESG関連の情報はどこでわかるのでしょうか。これまで投資で重視されてきたのは財務指標であり，財務情報（リターンや自己資本利益率（Return on Equity：ROE））であったのですが，ESG要素はこれには出てきません。いわゆる非財務情報の１つとして考えられてきました。財務情報からは見えにくいリスクの排除や持続可能性の重要性から，ESG情報を含めた非財務情報が注目されるようになったのです。

企業のガバナンスがESGに基づき持続可能なものになっているのか（コーポレートガバナンス），機関投資家から企業に対するモニタリングやエンゲージメントがESGに基づき効果的なものになっているのか（スチュワードシップ），また，企業にとって透明性の問題であり機関投資家にとって投資選択の基準となる非財務情報の開示がどのようになっているのか，以上３点を縦串とし，３国を横串として概観していきます。

図表３-１　本書の構成

	コーポレートガバナンス	スチュワードシップ	企業情報の開示
イギリス	第３章Ⅱ	第３章Ⅲ	第３章Ⅰ
アメリカ	第４章Ⅰ	第４章Ⅱ	第４章Ⅱ
日本	第５章Ⅱ	第５章Ⅲ	第５章Ⅳ

出所：筆者作成

Ⅰ　2006年会社法改正

わが国の現在のコーポレートガバナンス・コードおよびスチュワードシップ・コードのダブル・コード体制のいわば先輩がイギリスであり，その内容および形式（comply or explainの原則）はともに参考にされてきました。イギリスのコーポレートガバナンス改革の始まりであった1992年のキャドバリー報告書が公表されてから30年弱が経過した現在も，イギリスでは継続して内容・形式ともに見直しが行われています。コーポレートガバナンス・コードから話を始めるところですが，イギリスでは2006年に会社法の全面改正がありました。ここから話を始めます。

1　2006年会社法172条の会社成功促進義務について

2006年会社法が制定され，第172条１項に会社成功促進義務が規定されました。すなわち，取締役の一般的義務の１つとして，会社の成功を促進すべき義務を新たに規定し，その義務の履行において株主以外の従業員，供給業者，顧客，コミュニティ，環境等の利害関係人（stakeholders）の利益を考慮する必要がある旨が明記されました。ただし第172条１項で記載の６つの要素は網羅的な（exhaustive）ものではないとされています。

第172条　会社の成功を促進する義務（Duty to promote the success of the company）

(1)　**会社の取締役は，当該会社の社員（注：ここでは株主）全体の利益のために当該会社の成功を促進する可能性が最も大**

きいであろうと誠実に考えるところに従って行為しなければならず，かつ，そのように行為するにあたり（特に）次の各号に掲げる事項を考慮しなければならない。

(a) **一切の意思決定により長期的に生じる可能性のある結果**

(b) **当該会社の従業員の利益**

(c) **供給業者，顧客その他の者と当該会社との事業上の関係の発展を促す必要性**

(d) **当該会社の事業のもたらすコミュニティおよび環境への影響**

(e) **当該会社がその事業活動の水準の高さに係る評判を維持することの有用性，および**

(f) **当該会社の社員相互間の取扱いにおいて公正に行為する必要性**

(2)(3) **略**

取締役が考慮すべきとされる(a)号は，取締役がその義務を果たすにあたり，長期的展望を持って行動すること，つまり，株主の長期的利益を考慮することを定めたものです。他方，(b)，(c)，(d)号の各ステークホルダーの利益に対する考慮義務については，従来のコモンロー原則から導き出されたものではなく，EUの提唱する当時のCSR論が影響を与えていると考えられます。

重要な点の１つは，第172条に付されたタイトルが「ステークホルダー利益の考慮義務」ではなく「会社の成功を促進する義務」であり，(1)項柱書に「株主全体の利益のため」とあることからも明らかなように，その主たる目的はあくまでも株主利益のために会社を成功させることです。「会社法見直しのための委員会」(Company

Law Review：CLR）は，ステークホルダー理論（ガバナンスをステークホルダー利益を中心に考える）の有用性について認識しつつもこれを採用せず，取締役の核心的な義務は「啓発された株主価値（enlightened shareholder value：ESV）」を促進する必要性に基礎付けられているとの修正モデルを選択しました。この修正モデルによれば，取締役は，究極的には株主の利益を促進することを求められているものの，会社の業績に影響する要素を考慮に入れなければなりません。ただし，株主以外のステークホルダー利益の考慮は，それが株主全体の利益のために会社の成功を促進する範囲までしか及ばないということです。

2　172条の義務を担保する情報開示

第172条１項の義務の履行を適切に評価するため，取締役報告書の中で第172条の規定に対応した事業評価を行い，かつこれを報告することを義務付けました。第417条は，取締役報告書の記載事項のうち，事業報告（business review）に関する規定であり，取締役は事業の概観を記載することを求められています。

第417条　取締役報告書の内容：事業報告（Business Review）

(1)　略

(2)　事業報告の目的は，取締役が第172条に定める義務（会社の成功を促進する義務）をいかに果たしたかについて，会社の社員に情報を開示し，社員の評価を助けることである。

(3)　事業報告には，以下の事項を記載する。

(a)　会社の事業に関する公正なレビュー，および

(b)　会社が直面する主なリスク及び不確実性に関する説明

(4) 必要なレビューは，事業の規模と複雑さに応じて，以下の事項のバランスのとれた包括的な分析とする。

(a) 事業年度中の会社の事業の発展と成果，および

(b) 事業年度末日における会社の事業の状況

(5) 上場会社の場合には，事業報告（ビジネスレビュー）は，当該会社の事業の発展，成果および状況を理解するために必要な限りで，次の各号に定める項目を含まなければならない。

(a) 当該会社の事業の将来的な発展，成果および状況に影響すると思われる主な傾向および要因，並びに

(b) 次の事項に関する会社の方針および当該方針の効果に関する情報を含む，次の事項に関する情報

(i) 環境に関する事項(環境に対する会社事業の影響を含む)

(ii) 会社の従業員，および

(iii) 社会およびコミュニティに関する事項

(c) 略

事業報告に(b)号(i)〜(iii)および(c)号に記載されている情報が含まれていない場合，含まれていない種類の情報を明記する必要がある。

(6) 事業報告は，当該会社の事業の発展，成果および状況を理解するために必要な限りで，次の各号に定める項目を含めなければならない。

(a) 財務上の主要なパフォーマンス指標を用いた分析，および

(b) 適切な場合には，環境および従業員に関する情報を含む，他の主要なパフォーマンス指標を用いた分析

ここで「主要なパフォーマンス指標（KPI）」とは，会社の事業の発展，成果および状況を効果的に評価するファクターをいう。

(7)〜(11)略

このように，第172条の会社の成功を促進する義務を取締役に履行させる上で，事業報告の作成と開示の義務はその中核的部分を構成しています。特に上場会社の場合には，環境，従業員，コミュニティに関する事項（(5)項(b)号）について株主が理解できるようにとの注意が喚起されています。事業報告の分析は，財務および非財務の主要なパフォーマンス指標（Key Performance Indicators：KPI）の両方に基づいている必要があります（(6)項参照）。

3　非財務情報の重視の流れと戦略報告書

2006年会社法の下，2012年「記述式報告の将来（The Future of Narrative Reporting)」を公表するなど，イギリスでは非財務情報開示への要請が強まりました。2013年会社改革規則は同会社法を改訂し，417条の取締役の事業報告に代えて（417条は削除），戦略報告書と取締役報告書（後者は従前の年次取締役報告書の代替）の作成を求めています（414条A）。小規模企業を除くすべてのイギリス企業は，年次報告書の中で戦略報告書と取締役報告書を作成する必要があります。ただし，戦略報告書はそれまで取締役報告書の記載事項であったもののほとんどを取り込んでいます。414条Cの各項の略の後に参照を付しましたが，これは417条で規定された条項がそのまま414条Cで存続し，戦略報告書の記載内容となったことを示しています。このように，戦略報告書は，上場企業の場合，主要なリスクと不確実性，KPIなど，従前の事業報告と同じ資料を対象としています。ただし，新しい戦略報告書は，戦略とビジネスモデル，会社の取締役，上級管理職，従業員の性別（414条C(8)項参照），および人権問題と方針（414条C(7)項(b)(iii)に追加）に関し，上場企業に追加の開示を要求しています。この会社法の改訂に伴い財務報告評議会（Financial Reporting Council：FRC）の「戦略報告書のガイダンス」の改訂（2018年７月）が行われました。

414条C　戦略報告書の内容

⑴　戦略報告書の目的は，会社の社員に情報を提供し，第172条に基づく取締役の職務（会社の成功を促進する義務）をどのように実行したかを社員が評価できるようにすることである。

⑵　略：参照旧417条⑶

⑶　略：参照旧417条⑷

⑷⑸　略：参照旧417条⑹

⑹　会社が会計年度に関して中規模会社である場合（465条から467条を参照），その年度のレビューは，非財務情報に関する限り，⑷項の要件に準拠する必要はない。

⑺　略：参照旧417条⑸

⑻　上場会社の場合，戦略報告書には以下を含める必要がある。

(a)　会社の戦略の説明

(b)　会社のビジネスモデルの説明

(c)　事業年度末における以下の内訳

(i)　会社の取締役であった各性別の人数

(ii)　会社の上級管理者であった各性別の人の数（(i)に該当する人を除く），および

(iii)　会社の従業員であった各性別の人数。

⑼～⒁略

会社法172条，417条（削除），および414条A-D（新設）からわかるように，イギリスの会社法改革では，取締役会に対し，長期的な株主価値とステークホルダーの利益の観点から自己の決定の正当性を示し，ステークホルダーに影響を与える情報とリスクを開示することが求められています。毎事業年度，年次報告書として作成すべき書類をまとめると**図表3-2**のようになります。

図表3-2　年次報告書（アニュアル・レポート）の構成

書類	年次報告書				
書類の目的	年次報告書の目的は，株主に対して，資源配分の意思決定や取締役のスチュワードシップを評価するのに有用な情報を提供することである				
構成書類	戦略報告書	コーポレートガバナンス報告書	取締役の報酬報告書	財務諸表	取締役報告書
構成書類の目的	•取締役が法172条の責務をどのように果たしたかに関する情報の提供 •財務諸表の背景の説明 •企業のビジネスモデル，主要な目的，戦略の説明 •企業が直面する主要なリスクとその将来見通しに対する影響の説明 •関連する非財務情報の提供 •企業の過去の業績の分析 •補足情報の記載場所の特定	•企業のガバナンス構成・組織が，企業の目標達成をどのように支援するのかを説明するのに必要な情報の提供	•企業の取締役報酬の方針と方針策定の際に考慮される主要な要素の説明 •取締役の報酬方針がどのように実行されたかの説明 •取締役報酬の額の開示，および企業の業績と取締役報酬との関連性の詳細な説明	•一般に公正妥当と認められる会計実務に従った企業の財務状況，業績および今後の展開の説明	•企業に関するその他法律上の情報の開示

出所：FRC, Guidance on the Strategic Report（2018）より筆者作成

II イギリスの コーポレートガバナンス・コード

1 コーポレートガバナンス・コード成立の経緯

イギリスにおけるコーポレートガバナンス・コードの嚆矢は1992年のキャドバリー報告書です。キャドバリー報告書（1992年），グリーンベリー報告書（1995年）およびハンペル報告書（1998年）の規範・原則を統合し，1998年にロンドン証券取引所等は上場規則を構成する統合規範（Combined Code）を作成しました。数度の改訂を経た上で，ウォーカー報告書の勧告を踏まえて，FRCは，2010年に，従来の統合規範を投資家側，発行体側と規律対象を明確に分け，前者を「スチュワードシップ・コード」，後者を「コーポレートガバナンス・コード」として公表しました。これがダブルコードの起源です。なお，コーポレートガバナンスにつき，2011年3月「取締役会の実効性に関するガイダンス」を公表しています。

2つのコードの導入目的は健全なコーポレートガバナンスの構築であり，この構築によりイギリス企業の業績向上，さらには経済の持続的な安定と発達がもたらされ，イギリスを魅力的な投資対象国として競争優位に立たせ，海外から投資を呼び込むことが最終目標とされました（BEIS（2016）p10）。コーポレートガバナンス・コードはその後おおむね2年ごとに改訂されてきており，現在の2018年版は4度目の改訂版です。

2 コーポレートガバナンスの意義

コーポレートガバナンス・コード（2016年版まで）は冒頭の「ガバナンスおよび本コード」第2項において，以下のようにコーポレートガバナンスの定義を述べています。

「イギリスのコーポレートガバナンス・コード（以下「コード」という）の初版は，1992年にキャドバリー委員会によって策定されました。その第2.5節は今日も本コードにおける権威ある定義として存続しています。すなわち，『コーポレートガバナンスとは，会社を方向付け，制御するためのシステムであります。取締役会は，それぞれの会社のガバナンスに責任を負っています。ガバナンスにおける株主の役割は，取締役と外部会計監査人を任命し，自ら満足できる適切なガバナンス構造が構築されるようにすることであります。取締役会の責任には，会社の戦略的目標を設定し，それを実行するために指導力を発揮し，経営を監督し，自らの受託者責任に関連して株主に報告を行うことが含まれています。取締役会の活動は，法令，規則ならびに株主総会における株主に従います。』」と。（なお2018年版では「取締役会の責任には…」以下の部分が削除されています。）

3　comply or explain原則

本コードは，「comply or explain」（遵守せよ，さもなくば説明せよ）のプリンシプル・アプローチをとることを宣言しています。企業は主要原則（Main Principle）を遵守することが義務付けられますが，「他の手段によって良いガバナンスが達成され得るのであれば，各則（Provision）を遵守する代わりに代替手段に従うことが正当化される。そうするための条件はその理由について株主に明確にかつ注意深く説明することである」と規定されています。また序文第８項では，「取締役会議長には，取締役会の任務と実効性に関する原則（本コードの第Ａ節および第Ｂ節に記載）がどのように適用されたのかについて，自ら年次報告（annual statements）を行うことが奨励される」となっています。

図表3-3　2016年版と2018年版の比較

2016年版	2018年版
Section A：リーダーシップ	1. 取締役会のリーダーシップと会社の目的
Section B：取締役会の有効性	2. 責任の分担
Section C：説明責任	3. 構成，サクセッション，評価
Section D：報酬	4. 監査，リスク，内部統制
Section E：株主との関係	5. 報酬

出所：筆者作成

図表3-4　イギリス2018年版コーポレートガバナンス・コードの概要

	原則 Principles	各則 Provisions
1．取締役会のリーダーシップと会社の目的	A．成功する企業は効果的で起業家的な取締役会が主導します。その役割は，企業の長期的に持続可能な成功を促進し，株主に価値を生み出し，そしてより広く社会に貢献します。	1-8
	B．取締役会は，会社の目的，価値観，および戦略を確立し，これらと会社文化が一致するよう確保する必要があります。すべての取締役は誠実に行動し，模範を示し，望ましい文化を促進しなければなりません。	
	C．取締役会は，会社がその目的を達成し，これに対するパフォーマンスを評価するために必要なリソースが整っていることを確認する必要があります。取締役会はまた，リスクの評価と管理を可能にする，慎重で効果的な管理の枠組みを構築するべきです。	
	D．会社が株主やステークホルダーに対する責任を果たすために，取締役会はこれらの関係者との実効的な対話を確保し，参画を奨励する必要があります。	
	E．取締役会は，全従業員の方針と慣行が会社の価値と一致することを保証し，長期的に持続可能な成功をサポートする必要があります。全従業員は懸念事項を提起することができなければなりません。	

2．責任の分担	F．取締役会議長は取締役会を率い，会社を指揮する上での全体的な効果に責任を負います。それらは在職期間を通じて客観的な判断を示し，開放性と議論の文化を促進する必要があります。さらに，議長は建設的な取締役会関係とすべての非常勤取締役の効果的な貢献を促進し，取締役が正確でタイムリーかつ明確な情報を受け取るよう確保します。	9 -16
	G．個人または少数グループが取締役会の意思決定を支配しないように，取締役会には，業務執行取締役と非業務執行取締役（特に，独立した非業務執行取締役）の適切な組み合わせを含める必要があります。取締役会のリーダーシップと会社の業務執行のリーダーシップの間には，明確な責任分担が必要です。	
	H．非業務執行取締役は，取締役会の責務を果たすために十分な時間を持つ必要があります。彼らは建設的な課題，戦略的ガイダンス，専門家のアドバイスを提供し，経営陣に説明責任を負わせるべきです。	
	I．取締役会は，会社の総務部長に支えられて，効果的かつ効率的に機能するために，必要なポリシー，プロセス，情報，時間，およびリソースを有するよう確保すべきです。	
3．構成，サクセッション，評価	J．取締役会への任命は，正式で厳格かつ透明な手続きに従う必要があります。取締役会および上級管理職のための効果的な後継者計画を維持する必要があります。指名と後継者計画はどちらもメリットと客観的な基準に基づいている必要があります。また，この文脈において，性別，社会的および民族的バックグラウンド，個人の強みにおいて多様性を促進するべきです。	17-23
	K．取締役会とその委員会には，スキル，経験，知識の組み合わせが必要です。取締役会全体の勤続の長さとメンバーの定期的なリフレッシュを考慮する必要があります。	
	L．取締役会の年次評価では，その構成，多様性，および構成員がいかに効果的に目的を達成するために協働するかその方法を考慮する必要があります。各取締役が効果的に貢献し続けるかどうかを個々の評価が実証する必要があります。	

4．監査，リスク，内部統制	M．取締役会は，正式で透明な方針と手続を確立して，内部および外部の監査機能の独立性と有効性を確保し，また財務報告と財務・記述式報告書の統一性を満たすこととします。	24-31
	N．取締役会は，公正でバランスのとれた理解可能な，会社の状況と展望の評価を提示する必要があります。	
	O．取締役会は，リスクを管理するための手順を確立し，内部統制のフレームワークを監督する必要があります。また，長期的な戦略目標を達成するために会社が進んで受け入れる主要なリスクの性質と範囲を決定します。	
5．報酬	P．報酬の方針と実践は，戦略をサポートし，長期的に持続可能な成功を促進するように設計する必要があります。役員報酬は会社の目的と価値観に合わせる必要があり，会社の長期的な戦略が成功の確実な成就と明らかにリンクしなければなりません。	32-41
	Q．役員報酬に関する方針を策定し取締役および上級管理職の報酬を決定するための正式で透明な手続きを確立する必要があります。取締役は自分の報酬の決定に関与しません。	
	R．取締役は，企業と個人のパフォーマンス，および幅広い状況を考慮し，報酬を承認する際に，独立した判断と裁量権を行使する必要があります。	

出所：筆者作成

4　2016年版から2018年版への主な改訂点

形式的には，従来は「主要原則（Main Principle）」，「補充原則（Supporting Principle）」および「各則（Provision）」の3段階構成でしたが，2018年度版では「原則（Principle）」18項と「各則（Provision）」41項という2段階構成に見直されました。また項目数は大幅に減少しています。これまでの項目は凝縮する方向に向かっているといえます。2018年の改訂は2017年にイギリス政府より公表された「コーポレートガバナンス改革に関する政府グリーン・ペーパー」への対応の一環です。このグリーン・ペーパーは，前述の会社法172条を前提に，株主以外のステークホルダーの意見を取締役会レベルの意思決定等に反映させる枠組みを提案しています。

その主な改訂点は，⑴ステークホルダーの利益の考慮（原則D，特に従業員とのエンゲージメントの強化），⑵適切な企業文化の構築，⑶サクセッション（後継者計画）とダイバーシティ向上（原則J，各則23参照）のための取締役会の刷新，⑷役員報酬（原則P，長期業績連動につき各則36，40）です。詳しくみてみましょう。

⑴ ステークホルダーの重視

今回のコーポレートガバナンス・コード改訂に際して，FRCがステークホルダー重視のスタンスを明確に推進した背景には，EU離脱以降，メイ首相の下，労働者階級等の利益を十分考慮する必要に迫られたことにあります。特に改訂コードの原則Dは「会社が株主およびステークホルダーに対する責務を果たすため，取締役会はこれらの関係者との実効的な対話を確保するとともに参画を奨励するようにすべきである」と定めました。これに対する各則５は以下のように規定しています。

「５．取締役会は，会社のその他の主要なステークホルダーの視点を理解し，年次報告書において，2006年会社法第172条に示されるところの彼らの利害と関心事項を，取締役会での議論や意思決定に際して，どのように考慮したかを記載すべきです。取締役会はエンゲージメントのメカニズムを常にチェックしそれらが効果的に維持されるようにすべきです。」

また，各則5はこれに引き続き，従業員とのエンゲージメントとして3つの方法を明記しました。すなわち，①従業員代表の取締役招聘，②従業員に諮問する正式な会議の設置，③従業員との対話を担当する非業務執行取締役の配置であります。この3つの手法から，取締役会はいずれかまたはその組み合わせを選択しなければなりませんが，いずれも選択しない場合には，自社にとって実効的な代替策を，それが実効的であるとする理由と併せて説明しなければなりません。また取締役会に従業員とのエンゲージメントを強化し，その考え方や意見の理解に努めることを求めています。イギリスは少し特殊な事情に基づいていますが従業員とのエンゲージメントの方法としては参考になるでしょう。

(2) 取締役会等のダイバーシティの向上

さらに取締役会等のダイバーシティの向上につき，原則Lは，「取締役会の年次評価は，その構成，多様性，および取締役会構成員が目標達成のためにいかに効果的に協働するかその方法について考慮するべきである」と定めています。そして，たとえば，改訂前では「取締役候補者の人選や指名に際しては，性別の観点を含めた取締役会の多様性の利点を考慮してこれを行うべきである」とされていましたが（B.2：Appointments to the Board Supporting Principles），改訂後は，「取締役の指名と後継者計画は，性別，社会的・民族的バックグラウンド，個々人の強みにおいて多様性を促進すべきである」とし（原則J）ダイバーシティの推進をより強めています。

⑶ 企業文化への言及

もう１つ注目すべき点は企業文化への言及です。導入部で，長期的成功のためには，「会社の文化は，誠実さと開放性，価値の多様性を促進し，株主や幅広いステークホルダーの意見に対応する必要がある」と規定しています。その上で，原則Bで「取締役会は，会社の目的，価値観，および戦略を確立し，これらとその文化が一致するよう確保しなければならない。すべての取締役は誠実に行動し，模範を示し，望ましい文化を推進しなければならない」と規定し，また各則２は「取締役会は文化を評価し監視すべきである。ビジネス全体のポリシー，慣行，または行動と会社の目的，価値観，および戦略との整合性が不十分な場合，取締役会は経営陣が是正措置を講じることを確認する必要がある。年次報告書は取締役会の活動ととられた行動を説明しなければならない。さらに，年次報告書には従業員への投資と報奨に対する企業のアプローチの説明を含める必要がある」と規定し取締役会の役割を重視しています。企業文化の位置付けに重きを置いていることに意外な感じもします。

この改訂前より，企業文化はboardroom issueとなっていました（FRC：Corporate Culture and the Role of Boards: Report of Observation（2017））。このexecutive summaryには「企業の文脈における文化は，企業の運営と利害関係者との関係において企業が示す価値観，態度，行動の組み合わせと定義できる。これらの利害関係者には，会社の行動の影響を受ける株主，従業員，顧客，サプライヤー，およびより広いコミュニティと環境が含まれる」とあります。企業内外でのガバナンスの構築が企業文化として定着することを求めていると思われます（私見）。

5　取締役会の構成
―取締役会における各取締役の役割はどうなっているか

イギリスでは，取締役会議長（Chairman）と最高業務執行取締役（Chief Executive Director）の分離，業務執行取締役（Executive Director）と独立非業務執行取締役（Independent Non-Executive Director）の役割分担，取締役会議長をチェックする筆頭独立取締役（Senior Independent Director）の役割，取締役会の外部評価の実施など役割分担が徹底しています。

2018年版コーポレートガバナンス・コードは具体的に以下のように規定しています（以下の点は2016年版と同じです）。

①取締役会議長と最高業務執行取締役の役割は，同一の者によって行使されてはならない（各則９）。

②取締役会は年次報告書で非業務執行取締役のうち取締役会が独立取締役と考える者を明示すべきであり，かつそのように決定した場合その理由を示すものとする（各則10）。少なくとも半数（取締役会議長を除く）の取締役会メンバーは，取締役会が独立取締役と判断した非業務執行取締役で構成されるべきである（各則11）。

③取締役会は，非業務執行取締役のうち１名を筆頭独立取締役に任命し，これは取締役会議長の相談役となり，（必要に応じて）他の取締役との仲介を行う役割を果たすべきである（各則12）。非業務執行取締役は，筆頭独立取締役が主導して，少なくとも年に１回以上，また，適切と考えられる他の適宜の機会に，取締役会議長を除外して，取締役会議長の実績評価のための会合を持つべきである（各則12）。

④非業務執行取締役は，業務執行取締役の任命と解任について主要な役割を果たす責務を負う。非業務執行取締役は，合意された目

標や目的に照らして経営の業績を精査し，業績の報告をモニターすべきである。取締役会議長は，業務執行役員を除外して，非業務執行取締役との会合を持つべきである（各則13）。

⑤議長，最高経営責任者，筆頭独立取締役，取締役会および委員会の責任は明確であり，書面で定められ，取締役会によって合意され，一般に公開されるべきである（各則14）。

このようにイギリスでは取締役会における役割分担が細かく規定され，業務執行取締役・非業務執行取締役の役割も意識されています。実際FTSE150（ロンドン証券取引所上場企業上位150社）企業の取締役会の平均的な構成は，議長１名，業務執行取締役３名，非業務執行取締役６名と考えられます。また非業務執行取締役の94％が独立取締役です（2018 UK Spencer Stuart Board Index, 11～14頁参照）。取締役会ではお互いが情報を提供し合い協働しつつも牽制しあう関係にあります。情報は業務執行役員が掌握していることから「情報の非対称性」が生じることが多いですが，その点への配慮もなされています。このような役割分担の明確化は，わが国においても取締役会の実効性の確保の観点から多くの示唆を与えてくれます。

6　取締役会の実効性評価について

取締役会はコーポレートガバナンスの要であり，取締役会が実効的に機能していることがコーポレートガバナンスにとって最も重要です。FRCは2011年３月「取締役会の実効性に関するガイダンス（Guidance on Board Effectiveness）」（以下「実効性ガイダンス」という）を公表しました。

2018年の改訂前コーポレートガバナンス・コードでは実効性評価につき以下のように規定していました。

取締役会は，取締役会，その委員会，および個々の取締役について，正式かつ厳格な年次評価を実施すべきである（B.6主要原則）。取締役会は，年次報告書において，取締役会，委員会，個別の取締役に対する業績評価がどのように実施されたのかについて記述すべきである（各則B.6.1.）。当該外部評価者は，会社と他に関係を有するか否かという点を含め，年次報告書において明らかにするべきである（各則B.6.2.）。非業務執行取締役は，筆頭独立取締役の指揮のもと，業務執行取締役の見解を考慮しつつ，取締役会議長の実効性を評価する責務を負う（各則B.6.3.）。

「実効性ガイダンス」の第５章によれば，取締役会はその実効性を監視し改善する必要があり，評価を行うにあたっては取締役会議長は評価プロセスに全体的な責任を負います（5.2）。取締役会評価の項目については16項目（限定的ではありません）が挙げられています（5.5）。取締役会の実効性評価の結果は年次報告書に記載されます。ただし企業にとって取締役会評価の目的と取締役会評価の開示の目的は異なるため，企業によって開示の量にはかなりの幅があります。取締役会評価はセンシティブな事項に及ぶので詳細な事実や将来計画を公表することに対して概して消極的です。

実効性ガイダンスも2018年に改訂されました。この改訂版は基本的に2018年版コーポレートガバナンス・コードの原則・各則に沿っています。改訂版コードでは，原則Lで，取締役会の実効性評価を毎年実施することが規定されていますが，さらに，FTSE 350の会社における取締役会の評価は，少なくとも３年ごとに外部者によって実施することを求めています（改訂後各則21。外部評価者は年次報告書に表記します)。取締役会議長が評価プロセスに責任を負うことは改訂前と同じです(各則22)。改訂版実効性ガイダンスは,原則3「構成,サクセッション,評価」の下,「取締役会および取締役の業績の評価」(106~113項)と「取締役会の外部評価」(114~116項)について規定しています。なおその中で挙げられている評価項目は従前と同じです(113項)。外部評価の際の取締役会議長の役割が詳しく規定されたことが特徴です。

Ⅲ イギリスのスチュワードシップ・コード

1 スチュワードシップ・コードの制定の経緯

イギリスのスチュワードシップの成立の経緯については,コーポレートガバナンス・コード成立の箇所で紹介しました。キャドバリー報告書(1992年)とハンペル報告書(1998年)の結論と勧告は,機関投資家のエンゲージメントに関するその後の報告書,さらには現在のスチュワードシップ・コードにその基礎を与えています。機関投資家のエンゲージメントに関するこの骨格は2000年代初頭にイギリスで支持を獲得し,これをもとにマイナーズ報告書,ヒッグス報告書,およびInstitutional Shareholders' Committeeのガイダンスの公表に受け継がれています。そして2007年に始まる世界金融危機を経て議論は再び活発になりました。イギリスの規制当局は,金融危機に無関心な機関投資家を「無関心な監視者」と非難し,機関投資家はこの間「眠っていた」と表現されました。実際,多くの論者は,機関投資家が金融危機に介入しなかっただけでなく,リスクとエクスポージャーの増大を犠牲にして,短期的なリターンを企業経営者に求め続けたことが問題の一端であると非難しました。この少し前，2007年９月に大手銀行ノーザンロックの経営破綻を契機に，財務省はデイビッド・ウォーカー卿に諮問を求めていました。2009年のウォーカー報告書は主として金融機関のコーポレートガバナンスに対する勧告でしたが，その中で機関投資家の無関心とリスクの高い経営判断に対する「黙認」は，金融危機の主要な原因ではなかったものの，これを悪化させたとも述べています。このような反省を踏まえ世界金融危機の後，ウォーカー報告書の勧告に基づいて，イギリスは世界で初めてスチュワードシップ・コードを制定しました。2010年７月，FRCはスチュワードシップ・コードを公表し，機関投資家の積極的な関与を促しました。

2　スチュワードシップ・コードの特徴

FRCはスチュワードシップ・コードに「ソフトロー」アプローチを導入しました。これは，「comply or explain（遵守せよ，さもなくば説明せよ）」に基づく一連のベスト・プラクティス原則です。本コードは自発的な署名者にのみ適用されます。本コードは原則（Principle）と指針（Guidance）から構成されています。原則は本コードの中核部分であり機関投資家は原則の適用を中心課題と捉えるべきであると記載されていますが，本コードは原則と指針を区別することなく，原則や指針のうちに従わないものがある署名機関は，有意な説明を行うべきであるとされています。これはコーポレートガバナンス・コードとは少し違う扱いです。これに対しハードローとは法的な強制力のある規則（レギュレーション）をいい，これに違反すれば無効になったり罰則が課されたりします。スチュワードシップ・コードはハードローのアプローチをとらなかったのです。

スチュワードシップ・コードは，機関投資家にポートフォリオ企業のスチュワードシップに積極的に関与することを奨励すること，また，2012年の改訂版スチュワードシップ・コードに挿入されているように，経済全体の利益のために最終的に「資本の最終の提供者もまた繁栄するような方法で企業の長期的な成功を促進する」ことを目的としています。そして，その活動と課題は「投資家にとって，スチュワードシップは単なる議決権行使以上のものである。活動には企業のモニタリングとエンゲージメントが含まれ，これは戦略，業績，リスク，資本構造，および文化や報酬を含むコーポレートガバナンスなどの問題に及ぶ」と示されました。このように「スチュワードシップ」の重要な概念は長期的な企業の成長であり，そのために機関投資家に広汎なモニタリングとエンゲージメントを求めています。

3　受託者責任を課すべきか

スチュワードシップ・コード策定の過程で，インベストメント・チェーンにおける運用機関等へ受託者責任を課すべきかが議論されました。2012年7月に公表されたケイ・レビューにおいて，「株式のインベストメント・チェーンにおけるすべての参加者は，顧客との関係において受託者ルールを遵守すべきであります」と提言されました。これに対し，政府BIS省（Department for Business, Innovation and Skill）はfiduciaryの用語の受け取り方には厳格な忠実義務の法適用や一般的な注意義務等の適用範囲など議論の余地があるとし，政府としては受託者ルールという言葉の使用を避けるとしました。さらに，法律委員会（Law Commission）は，受託者としての注意義務や受託者責任の再定義を試みましたが，最終的に投資運用業等への受託者責任を立法化する必要はないと決しました。このような次第で受託者責任の立法化は回避され，現在のプリンシプル・ルールの形式となりました。

4 コードの対象を広げる

2010年版の最初のコードでは各々の投資関係者のスチュワードシップ責任の範囲を明確に理解するには十分でなかったので，コードを改訂して，スチュワードシップの概念を明確にする目的でガイダンス・ノートと導入部分を改善しました。そもそもスチュワードシップ・コードの最初のバージョンは，より幅広い種類の市場関係者にスチュワードシップへの参加を図ることを目的としていたため，投資に関与する可能性のある市場参加者の範囲と区分に関してはあまり明確ではありませんでした。改訂された2012年コードは，インベストメント・チェーンに関与するほとんどの市場参加者にスチュワードシップに従事するように働きかけている点は同じですが，明確化のために次のように説明しています。

「本コードはまず機関投資家を対象としている。これは，イギリスの上場企業の株式を保有するアセットオーナー（asset owner）およびアセットマネージャー（asset manager）である。機関投資家は，外部のサービスプロバイダーにスチュワードシップに関連する活動の一部を委託することを選択できる。ただし，スチュワードシップ責任を委譲することはできない。機関投資家には，スチュワードシップに対する自己のアプローチと一貫する方法で外部プロバイダーに確実に実行させる責任が継続する。したがって，本コードは議決権行使助言会社や投

資助言会社などのサービスプロバイダーにも適用される。」（「本コードの適用」第２項）

このように，改訂されたコードは「アセットオーナー」と「アセットマネージャー」を区別し，それぞれが果たすべき役割と責任を明確にしました。さらに，このコードは，機関投資家が外部の参加者にそのスチュワードシップ全体ではなく一部の活動を外部委託できること，またその場合でもサービスプロバイダーはスチュワードシップ基準をそのまま維持する必要があることを明らかにしました。このように，2012年改訂コードでは，スチュワードシップ責任の人的範囲の拡大を承認しつつ，インベストメント・チェーンに関与する他の潜在的な市場参加者も共同でスチュワードシップ責任を負うことになります。

2012年版スチュワードシップ・コードの原則

最終受益者に帰属する価値を保全・増大させるために，

1．機関投資家は，スチュワードシップ責任をどのように果たすかについての方針を公に開示すべきである。
2．機関投資家は，スチュワードシップに関連する利益相反の管理について，堅固な方針を策定して公表すべきである。
3．機関投資家は，投資先企業をモニタリングすべきである。
4．機関投資家は，スチュワードシップ活動を，どのようなときに，どのような方法を用いて強めていくのかにつき，明確なガイドラインを持つべきである。
5．機関投資家は，適切な場合には，他の投資家と協調して行動すべきである。
6．機関投資家は，議決権の行使と行使結果の公表について，明確な方針を持つべきである。
7．機関投資家は，スチュワードシップ活動および議決権行使活動について，定期的に報告すべきである。

5　Tiering（階層化）システムの実践とその廃止

FRCは，2012年版スチュワードシップコードの署名者を，コードの７つの原則と指針に基づくステートメントの報告の質に応じて「階層（tier）」に分類していました（格付けともいえます）。階層化の目的は「コードに対する報告の品質を向上させ，市場の透明性を高め，コードの信頼性を維持する」ことと説明されています。スチュワードシップ・コードには，約300社の署名機関が存在します。Tier 1（階層１）には120社以上存在し，開始時の約40社から大幅に増加しました。各階層のカテゴリは次のとおりです。

Tier 1：署名者は，スチュワードシップへのアプローチに関して質の高い透明性のある説明を行い，必要に応じて代替的アプローチの説明を行っている。

Tier 2：署名者は，報告につき多くの期待に応えているが，スチュワードシップへのアプローチに関して報告にあまり透明性がないか，又はコードから逸脱した場合でも説明を行っていない。

Tier 3：アプローチの透明性を高めるには，報告を大幅に改善する必要がある。署名者はステートメントを改善するプロセスに関与しておらず，ステートメントは一般的であり，コードの規定から逸脱した場合でも説明がないか不十分である。

2016年11月に公開されたFRCの評価とともに，６カ月後に少なくともTier 2を達成していない（つまり，Tier 3に止まる）アセットマネージャーは署名者のリストから削除されることが予告されました。2016年11月当時，40名のアセットマネージャーがTier 3として分類されていました。FRCはTier 3の署名者と協議し，そのうち約20名がステートメントをTier 1またはTier 2に改善しましたが，残りの半数は署名者のリストから自分自身を削除することを選択しました。このようにしてTier 3カテゴリは削除されました。これはレポートの品質の向上に努めてきた8年間の実績により為し得たことであります。

これに対し，日本ではスチュワードシップ・コードに階層化システムは存在しません。わが国も，イギリスに倣って，次の段階としてスチュワードシップ活動の報告の質を問うていくべきかもしれません。

6　2020年コードの主な改訂点

FRCは，2020年版スチュワードシップ・コード（以下「2020年コード」という）を2019年10月に公表し，これは2020年1月1日に発効しました。FRCが報告の質に基づくtiering制度を推進したことによって，スチュワードシップ・コードに対する透明性が向上し，署名機関の報告書は改善されました。スチュワードシップ・コードのさらなる実効性の確保のため成立したのが2020年コードです。

FRCとしては，仲介業者，すなわち外部のサービスプロバイダーの増加に対処する必要がありました。特にパッシブファンドが躍進した結果として，インベストメント・チェーンで求められる大量の責務は，コンサルタント，アドバイザー，議決権行使助言会社等へ委託されることになりました。このように生じた膨大な数のプロバイダーと機関投資家は集団的かつ調和のとれた方法で機能することが期待されているものの，実際にはしばしば制御不能な状況を引き起こします。最終的な2020年コードは12原則＋6原則で構成されており，対象は，アセットマネージャーとアセットオーナーに加えサービスプロバイダーへと明確に拡張されました。FRCは，これは投資コミュニティ全体のアプローチを調整するのに役立つと述べています。

2020年コードでは，対象の拡張に伴い構成が変更されました。2012年版以降のコードでは，アセットオーナーとアセットマネージャーに対する７つの原則（Principle）が設けられ各原則の下に指針（Guidance）が設けられていました。2020年コードではアセットオーナーとアセットマネージャーに対する12の原則（Principle）に加え，サービスプロバイダーに対する６の原則で構成されるとともに，指針の代わりに各原則に「期待される報告事項（Reporting Expectations）」が定められました。すべての「期待される報告事項」に「活動（Activity）」と「結果（Outcome）」の説明と開示を求めています。さらに，いくつかの原則は，「背景（Context）」の見出しの下に，スチュワードシップのために採用されたアプローチを理解し評価するために必要な背景情報やポリシーの公表を求めています。

さらに，従来“comply or explain”原則が適用されてきましたが，2020年コードでは“apply and explain”原則が適用されるようになりました。この変更はtieringによる報告の質の向上があってこそできた変更であるといえるでしょう。

図表 3-5　イギリス2020年版スチュワードシップ・コード

アセットオーナーとアセットマネージャーのための原則	期待される報告事項（背景，活動，結果） 注：以下は抄訳です
目的およびガバナンス	
原則 1．目的，戦略および文化 署名機関の目的，投資哲学，戦略，および文化によって，経済，環境，社会へ持続可能な利益をもたらし顧客と最終受益者に対し長期的な価値を生むスチュワードシップを可能とする。	署名機関の目的，投資哲学，戦略および文化を説明し，そのためいかなる行動をとったか，これらによってどのように自身のスチュワードシップ，投資戦略，投資判断が導かれたのかを公表する。
原則 2．ガバナンス，リソース，およびインセンティブ 署名機関のガバナンス，リソース，およびインセンティブはスチュワードシップをサポートする。	署名機関のガバナンス構造・プロセス，リソース配分，およびインセンティブにつき説明し，これらによってどのようにスチュワードシップを効果的にサポートしているかを公表する。
原則 3．利益相反 署名機関は，顧客と最終受益者の最善の利益を優先するために，利益相反の管理を行う。	署名機関は，利益相反管理方針とその適用につき公表し，また利益相反の事例をどのように認識し，管理してきたかを説明し，公表する。
原則 4．十分に機能する市場を促進する 署名機関は，十分に機能する金融システムを促進するために，市場規模のリスクおよびシステミック・リスクを特定し，それに対応する。	署名機関は，市場規模のリスクとシステミック・リスクの認識と対応，金融市場の促進に関する他のステークホルダーとの連携などを説明し，その効果の評価を公表する。
原則 5．見直しおよび評価 署名機関は，自身の方針を見直し，自身のプロセスを確実なものとし，自身の活動の効果を評価する。	署名機関は，自身の方針の見直し，その確保の手段につき説明し，またこれが自身の方針とプロセスに継続的な改善をもたらしているかを説明する。
投資アプローチ	
原則 6．顧客と最終受益者のニーズ 署名機関は，顧客と最終受益者のニーズを考慮し，スチュワードシップと投資に関する活動とその結果を彼らに伝達する。	署名機関は，採用する枠組みの構造等又は顧客基盤等，および顧客・最終受益者のニーズに応えるための投資期間を公表し，顧客・最終受益者の当該ニーズを採用した理由，そのニーズを反映する方法等，活動と結果の伝達について説明し，顧客・最終受益者のニーズの考慮方法と採用した行動等を説明する。
原則 7．スチュワードシップ，投資，およびESGインテグレーション 署名機関は，スチュワードシップと投資を，重要な環境，社会，ガバナンスの課題，および気候変動を含めて，自身の責任を果たすために体系的に統合する。	署名機関は，運用の評価において優先した事項（ESG課題を含む）を公表し，スチュワードシップと投資の統合の変化，この統合のための要求事項等を確保する方法などを説明し，収集した情報がどのように取得，モニタリング，退出につながったかを説明する。

原則 8．アセットマネージャーおよびサービスプロバイダーのモニタリング 署名機関は，アセットマネージャーおよび／又はサービスプロバイダーをモニタリングし，その責任を問う。	署名機関は，サービスプロバイダーのモニタリング方法を説明し，サービスの提供方法又は期待水準に満たないときの行動につき説明する。
エンゲージメント	
原則 9．エンゲージメント 署名機関は，資産価値の維持又は向上のため，発行体企業とのエンゲージメントを行う。	署名機関は，他者への期待水準又はエンゲージメントの選択・優先順位，エンゲージメントの目的や実際の利用を説明し，結論が出たエンゲージメントの結果を説明する。
原則10．協働（collaboration） 署名機関は，必要に応じて，発行体企業に影響を与えるために，協働的なエンゲージメントに参加する。	署名機関は，参加した協働的エンゲージメントの特定と理由を公表し，その結果を説明する。
原則11．エスカレーション 署名機関は，必要に応じて，発行体企業に影響を与えるために，スチュワードシップ活動のエスカレーションを実施する。	署名機関は，アセットマネージャーへの期待水準，選択した課題と優先順位等，エスカレーションの時期，ファンド等による相違などにつき説明し，その結果を説明する。
権利行使および責任	
原則12．権利行使および責任 署名機関は，積極的に権利を行使し，責任を果たす。	署名機関は，アセットマネージャーへの期待水準又は権利責任の実行方法について説明し，さらに上場株につき議決権行使方針を公表し，その方針の修正範囲を報告し，過去１年間で議決権行使された割合，取締役会提案・株主提案への反対の理由などを説明し，さらに過去12カ月で議決権行使を行った議案の結果の例を提供する。

サービスプロバイダーのための原則	期待される報告事項（背景，活動，結果） 注：以下は抄訳です
原則 1．目的，戦略および文化 署名機関の目的，戦略および文化は効果的なスチュワードシップの促進を可能とする。	署名機関は，機関の目的，サービスの提供方法，その文化，価値観，ビジネスモデル，戦略の概要について説明し，実効的なスチュワードシップのためいかなる行動をとったかを説明し，顧客の利益に資したかを評価して公表する。
原則 2．ガバナンス，リソース，およびインセンティブ 署名機関のガバナンス，リソースおよびインセンティブは，効果的なスチュワードシップの促進を可能とする。	署名機関は，ガバナンス体制およびプロセスにおける監督と説明責任の位置付け，サービスの質と正確性，適切な資源配分，サービスの適正の確保を説明し，選択したガバナンス構成とプロセスが顧客のスチュワードシップを実効的にサポートしているか，その改善方法につき公表する。

原則３．利益相反 署名機関は，利益相反を特定し，これを管理し，顧客の最善の利益を優先する。	署名機関は，利益相反管理方針を公表し，利益相反の発生状況の特定・管理の方法を説明し，その対処事例を公表する。
原則４．十分に機能する市場を促進する 署名機関は，十分に機能する金融システムを促進するために，市場規模のリスクおよびシステミック・リスクを特定し，これに対応する。	署名機関は，市場規模のリスクおよびシステミックリスクへの対応，他のステークホルダーとの連携，取組みへの役割を説明し，自己の取組みへの貢献と効果への評価を公表する。
原則５．顧客のスチュワードシップのサポート 署名機関は，重要な環境，社会，ガバナンスの課題を考慮し，どのような活動を実施したかを伝え，顧客のスチュワードシップと投資の統合をサポートする。	署名機関は，顧客ベースの内訳を公表し，サービスプロバイダーとの適合性，顧客への伝達方法等を説明し，顧客の見解・フィードバックの考慮方法，その方法の実効性の評価を説明する。
原則６．見直しおよび評価 署名機関は，その方針を見直し，プロセスを確実なものとする。	署名機関は，顧客の実効的なスチュワードシップの確保のために，方針と活動を見直したか，サポートのため何を確保したか，報告が公平だったかを説明し，見直しからのフィードバックがスチュワードシップ活動の継続的な改善をもたらしているかを説明する。

出所：筆者作成

7　2020年コードはESGコードとも呼ばれている

2020年コードでは，環境，社会，およびガバナンス（ESG）の要素がより重要な役割を果たしています。改訂コードの協議版（consultation）の定義は，スチュワードシップの目的を「受益者，経済，社会のための」持続可能な価値の創造と表現していましたが，最終版ではESG要因を強調した定義となりました。すなわち，スチュワードシップを「経済，環境および社会に持続可能な利益をもたらし，顧客と受益者に長期的な価値を生み出す資本の責任ある配分，管理，およびモニター」と再定義しました。またその導入部分では，環境要因（特に気候変動）と社会的要因が，スチュワードシップを実施し投資判断を行う際に投資家にとって重要な課題となっていることを説明しています。さらに，たとえば，アセットオーナーとアセットマネージャーに関する原則７は，「署名機関は，スチュワードシップと投資（重要な環境，社会，ガバナンスの課題，および気候変動を含む）を自身の責任を果たすために体系的に統合する」ことを求めています。また原則４は，気候変動を投資家の署名者が考慮に入れる必要のあるシステミック・リスクとして認識するだけでなく，その対応のため他の利害関係者とどのように連携したかの説明を求めています。

前述のように，各原則には「期待される報告事項」が定められており，署名機関となるべく申請を行う機関は，過去12カ月間に各原則をどのように実践したかを「活動」と「結果」の区分から記述し年次のスチュワードシップ報告書を提出することが求められています。そのため，署名者は，毎年，前年にどのような活動を行い，その結果がどうであったか，投資した資産への関与，議決権行使の結果，投資の価値を顧客の利益のためどのように保護し強化したか，そしてこれらの活動がもたらした結果を報告する必要があります。報告義務は，従前のスチュワードシップ・コードのバージョンよりも負担が大きく，特に顧客とのコミュニケーションに重点を置く必要があります。たとえば原則７に付属する「期待される報告事項」において説明を求められる「活動」と「結果」の記述は容易ではなく，ESG要素の実質的統合が求められます。

Ⅳ EUの動向

1 EU非財務情報開示指令

欧州に広げて見れば，2000年のイギリス年金法改正を契機に，イギリスだけでなくスウェーデン，フランス，オランダ等の公的年金がESG投資を積極化しています。

欧州委員会は，2013年会計指令（Directive 2013/34/EU）を採択しました。その中で企業が大規模である場合（上場企業および非上場であるが従業員が250人を超える企業など），取締役会は，環境および従業員の問題に関する情報を含む，特定の事業に関連する財務および非財務上の主要なパフォーマンス指標（KPI）を伴った分析を提供する管理報告書（management report）を作成することが義務付けられました。

さらに改正されたEU指令（Directive 2014/95/EU：一般に非財務情報開示指令という）は，従業員500人以上のEU域内の上場企業，銀行・保険会社を対象にESGの非財務情報の開示を求めるもので，事業の発展，業績，地位および活動の影響を理解するために必要な範囲で，環境，社会および従業員の問題，人権の尊重，腐敗防止や贈収賄の問題に関連する情報の開示を義務付けています。また，大規模上場企業は，取締役会の多様性に関する情報の開示も求められています。同指令の目的は，「環境および社会問題に関するEU企業の透明性とパフォーマンスを向上させることであり，長期的な経済成長と雇用に効果的に貢献すること」とされています。透明性が高まると企業は事業機会と非財務リスクをよりよく管理できるとの理解に基づいています。また同指令は，イギリスの記述式報告規則を補完することを目的としています。

2　EU株主権利指令

また，EU企業の安定性と持続可能性を高めるために，2017年５月，欧州議会と理事会は2007年株主権利指令（Shareholder Rights Directive：SRD）の改正に合意しました（Directive 2017/828/EU）。この改正指令の目的は，インベストメント・チェーンの透明性を高めるとともに，投資決定におけるESG要素の統合，長期的な株主関与のレベルと質，および投資家の投資戦略と報酬体系と中長期的なパフォーマンスとの関連につき投資者に説明責任を負わせるものです。欧州で活動するすべてのアセットオーナーおよびアセットマネージャーは，改正指令を実施する国内立法を遵守する必要があります。新しい方針は，長期的な株主の利益を促進することに特に重点を置いています。さらに，取締役の報酬を開示し，資産運用会社の議決権行使とエンゲージメントの方針および議決権行使助言会社の助言の透明性を高め，仲介業者を通じて会社の株主を特定することを促進することを求めています。

第4章

アメリカのコーポレートガバナンスとスチュワードシップ

I　コーポレートガバナンス

イギリスは官製のダブル・コードがプリンシプル・ベース（comply or explainルール）で動いてきました。対して，アメリカはどのように動いてきたのでしょうか。アメリカは，州会社法と連邦証券法（1933年証券法，1934年証券取引所法等），さらに自主規制であるNYSE規則などの証券取引所規則がコーポレートガバナンスの基礎を提供しています。その意味では，アメリカは基本的にハードロー（規則による強制）で対応してきたといえるでしょう。

1　モニタリング・ボードの潮流

エージェンシー理論（16頁参照）において，モラル・ハザード現象が起きる１つの原因はプリンシパルとエージェント間の「情報の非対称性」にあるとされます（情報は経営者側に集中することによります）。アメリカではEisenberg[3]がモニタリング機能の重要性を説き（1976年），アメリカ法律協会『コーポレートガバナンスの原理：分析と勧告』の第１ドラフトでもこれが展開されると，取締役会の位置付けとしてモニタリング・モデルがアメリカで支配的となっていきました。これには1970年代にペンセントラル鉄道の突然の破綻など企業不祥事が相次ぎ，取締役会の監督機能が働いていないとの批判が背景にありました。しかし1970年代からすぐに取締役会がモニタリング・ボードとしての機能を現実に果たし始めたわけではありません。1980年代の企業買収ブームにおいて，買収防衛策の有効性を巡る訴訟で，アメリカの裁判所は経営陣の利益相反を判断する際に，独立取締役による判断が行われたか否かを極めて重視し

3　Melvin A. Eisenberg, The Structure of the Corporation (1976).

たことも起因しています。そして1990年代には株主価値最大化の思想や独立取締役の浸透によって実務的に確立されてきました。これは“監督機関の独立性に依拠したモニタリング”という発想であり，その意味で独立取締役は取締役会のモニタリング機能において重要なポジションを担っています。しかし，独立取締役の採用のみで事は解決しません。たとえばエンロン事件（2001年）で，エンロン社の取締役17人のうち14人が名目的に独立していたことから，独立取締役がガバナンスにおいてキーになり得るかがあらためて問われることになりました。そもそも，独立社外取締役の導入がモニタリング機能を向上させ，企業のパフォーマンスを高めるということについて相関関係を示す統計的裏付けは乏しいともいわれてきました。

2　企業不祥事・会計不正とこれに対する規制

2001年にエンロン事件，2002年にワールドコム事件と，企業不祥事が相次いで発覚しました。粉飾決算の原因は，エクイティ報酬が増加したため，粉飾決算をしてまでも株価を吊り上げようとする経営者のモラルの低下，会計監査とは別に多額のコンサルティング報酬を得て不正会計に加担する監査法人の職業倫理の欠如にあるといわれています。これを受けて2002年に成立したサーベンス＝オクスリー法（Sarbanes-Oxley Act of 2002，以下「SOX法」という）は，監査の独立性強化，コーポレートガバナンスの改革，財務情報開示の強化を推進するものですが，すべては企業会計・財務諸表の信頼性確保のための規定です。正式名称が上場企業会計改革および投資家保護法（Public Company Accounting Reform and Investor Protection Act of 2002）であることがこれを示しています。

金融危機発生前の2006年にはストック・オプションの付与を巡る

不正が明らかとなり，SOX法による報酬規制も十分に機能していないと指摘され，あらためて高額な経営者報酬に対する批判が高まりました。リーマン・ショックを引き金とする世界的金融危機の再発防止のために，肥大化する金融を規制する必要性から，2010年，ドッド＝フランク法（Dodd-Frank Wall Street Reform and Consumer Protection Act，以下「DF法」という）が制定されました。この法律の正式名称は「金融システムにおける説明責任および透明性を向上させることによりアメリカ合衆国の金融安定性を推進し，『大き過ぎてつぶせない』状況を終わらせ，ベイルアウト（財政出動）を終わらせることによりアメリカの納税者を保護するための，濫用的金融サービス実務から消費者を保護するための，ならびにその他の目的のための法」という長い名前です。大規模な金融機関への規制強化，金融システムの安定を監視する金融安定監視評議会の設置，金融機関の破綻処理ルールの策定，銀行がリスクのある取引を行うことへの規制（ボルカー・ルール）などが盛り込まれています。このようにアメリカは企業不祥事に対しハードローによって対処してきました。

3　取締役会の自己評価

ニューヨーク証券取引所（NYSE）は，2003年以降，上場企業に対し，取締役会が，自己および委員会において効果的に機能しているかどうかを判断するため，少なくとも毎年自己評価を行う必要があるとして取締役会の実効性評価を求めています（NYSE規則303A.09参照）。また監査委員会，報酬委員会，および指名・ガバナンス委員会の年次評価も求めています（それぞれNYSE規則 303A.07(b)ⅱ，303A.05(b)ⅱ，303A.04(b)ⅱ参照）。アメリカでは取締役会の実効性評価は取引所の自主ルールに委ねているわけです。またNYSEは，2014年に「コーポレートガバナンス・ガイド」を公表しましたが，ここに取締役会の実効性評価に関する記述もあります。しかし，開示対象として評価「結果」までは要求していないので，単に実効性評価を定期的に行っている旨の開示でも足りています。これに対してNASDAQではこの種の規定を設けておらず企業の自主的な対応に委ねていますが，多くのNASDAQ企業は毎年グッド・ガバナンスとして自主的に評価を行ってきました。

今日では，S&P500社の取締役会の約1/3（32%）が取締役会，委員会および個々の取締役の評価を毎年行っており，2011年の29%から若干増加しています。なお別の調査によれば，80%が正式な取締役会評価を行っていますが，残り20%は行っていません。

Ⅱ 機関投資家の影響

Relationship investingは，機関投資家が（少数の）ポートフォリオ企業に対して経営陣に口を出しつつ行う，大規模で長期的なコミットメントであると説明されます。今でいうところの正にエンゲージメントですが，1990年代にこの語は頻繁に用いられていました。1990年代以降，機関投資家は，relationship investingを含め株主アクティビズムを行ってきましたが，当初は基本的にエンゲージメントを通じた経営陣との長期的な関係の構築を目指すものでした。

1 アクティビスト・ヘッジファンドの時代

2010年代前半，ヘッジファンドのアクティビズムが脚光を浴びることとなりました。

アクティビスト・ヘッジファンドは，少数の会社に集中的に投資して保有比率を高めた後に，株価重視の経営政策の実現を迫り，さらには経営陣の入れ替え等を迫っていきます。ヘッジファンドに定義はありませんが通常いくつかの特徴によって識別されます。

- 私募のファンドの形態をとった投資手段である。少数の洗練された投資家に対応しており，一般に個人投資家は利用できない。
- ファンドへの多額の投資を保有し，運用ベースの報酬を請求する専門の投資マネージャーが管理する。典型的なヘッジファンドは，投資家に資産の２％の固定報酬に加えて，ファンドの年次収益に基づいて20％の成功報酬を請求する（当時）。
- ミューチュアルファンド（投資信託）と異なり，主に証券規制と登録要件の外で活動する（後述153頁参照）。投資会社法が適用されないことから分散投資規定の適用がなく，したがって投資をある特定企業の株式に集中させることができる。また資本構成規制も適用されないことから高いレバレッジを用いた投資を行うことができる。ヘッジファンドは「足が速い」と評されるゆえんである。
- ほとんどのヘッジファンドは投資銀行や保険会社との取引関係がないため，他の機関投資家と比べ利益相反の状況に直面することが少ない。

アクティビスト・ヘッジファンドの活動が顕著だった2013年，2014年ごろ，最も著名であったのはIcahn EnterprisesのCarl Icahn氏とPershing Square Capital ManagementのWilliam Ackman氏の２人です。たとえば，Icahn氏の主な戦術は，買収の失敗（Yahoo!）

や戦略的後退（Netflix，Dell）が原因で企業戦略をうまく策定・実行できなくなった取締役会，あるいは，現金（いわゆるキャッシュリッチ）（Apple），企業の優良部門（eBay）など収益性の高い資産を適切に選別していない取締役会をターゲットにしました。2人に共通するのは，ターゲット企業の取締役会に狙いを定めさまざまなメディアチャネルを積極的に使用し，あるいは圧倒的な論戦を通じてターゲット企業を倒すキャンペーンをはるという戦術です。ヘッジファンドのこのような活躍はその他の大手機関投資家の影響力を強めていきました。

2　アクティビストによる集団的要求

ウルフパック（Wolf Pack，狼の群）とは，アクティビスト・ヘッジファンドが行う投資戦術の1つで，大量保有報告制度等に基づく開示を行うことなく一定の株式を取得し機会を見て複数のファンドが一斉に上場企業側に対して襲いかかり自らの要求を実現させる戦略をいいます。まず他のアクティビスト株主と協力して「ウルフパック」を形成することにより，ターゲットに対する共通の利害関係を構築します。次に，取締役会の戦略的選択肢に反対すると脅すなどターゲットに圧力をかけます。さらには，公開キャンペーンを張り要求の正当性を主張する，取締役会の議席を要求する，委任状争奪戦を開始するなど，取締役会に対して行動を起こします。ウルフパックに対する企業側の防衛策の有効性は訴訟の場で争われました。

2013年5月，Third Point LLCは，他の2つのヘッジファンドとともに，SECの提出書類で，オークション会社大手のサザビーズ（Sotheby's）の株式を取得したことを発表しました。その後このヘッジファンドのグループはサザビーズの発行済み株式の約19%まで買い進めました。これに対抗してサザビーズと株主の最善の利益を保護するため，サザビーズの取締役会は2層式のトリガー構造のライツプランを採用して防戦しました。ファンド側はライツプランの放棄を求め訴訟となりました。裁判所は，サザビーズの取締役会が，複数のアクティビスト・ヘッジファンドによる急速な株式の同時の取得が企業に対する脅威になると信じる合理的な理由があると認定しました。そして，サザビーズのライツプランは，ヘッジファンドによる共同行動の脅威への対応である可能性が高いと結論付け，取締役会がライツプランの放棄を拒否したことは合理的であったとしました。その他技術的な論点もあってサザビーズは勝訴しましたが，この結果はその後のウルフパック戦略へ影響を及ぼしました[4]。

3　非官製のスチュワードシップ・コード

以上のようなヘッジファンドの活発な活動は，企業側に大きな影響を与えましたが，さらに機関投資家側も議決権行使を含むエンゲージメントの重要性を再認識することになりました。といってもアメリカはハードローの国であり，イギリスにおけるFRCのスチュワードシップ・コードのような枠組みはありません。もともとビッグスリーを含む大手パッシブファンドは市場に大きなシェアを有していました。Investor Stewardship Group（以下「ISG」という）は，規制機関から完全に独立した民間のイニシアティブであり，最大かつ最も影響力のある機関投資家やグローバル・アセットマネージャーのグループです。ISGは，イギリスのFRCや日本の金融庁などの政府機関や公的機関ではありません。ISGの創設メンバーは，アメリカの株式市場に多額の投資を行っているアメリカおよび国際的な機関投資家で構成されています。2017年1月の設立以来，ISG

4　Third Point LLC v. Ruprecht, No. 9469-VCP, slip op. (Del. Ch. May 2, 2014).

のメンバーシップは大幅に増加しています。ISGの署名者は，前述のビッグスリーの他に，TIAA Investments, T. Rowe Price, CalSTRSなど，現在50の機関投資家で構成されており，彼らのアメリカ市場への投資額は22兆ドルを超えます。

4 ISGによるダブル・コードの提案

ISGにはアメリカの機関投資家および取締役会の行動に対しスチュワードシップおよびコーポレートガバナンスについての重要な基準を定立するという明確な目的がありました。2017年１月，ISGは設立とともに，アメリカの上場企業に対する一連の基本的なコーポレートガバナンス原則（以下「ISGガバナンス・フレームワーク」という）とアメリカの機関投資家に対するスチュワードシップ原則（以下「ISGスチュワードシップ・フレームワーク」という。両者を「フレームワーク」と総称する）を発表しました。両原則の公開は，機関投資家と投資先企業がポートフォリオ企業の経済的成功に対する責任を共有するというメッセージを伝えるものです。さらにISGは国際コーポレートガバナンス・ネットワークで採用されているガイドラインなど，他のグローバルなスチュワードシップ・ガイドラインと連携しています。

5 ISGのコーポレートガバナンス原則

ISGガバナンス・フレームワークは，ルール・ベースの厳格な遵守を求めるガバナンス原則ではなく，イギリス型の「comply or explain」原則，つまりプリンシプル・ベースのコーポレートガバナンス基準です。これは厳格な遵守や画一的取扱いの批判を回避するものであり，その支持者は柔軟性を強調し，これにより企業は柔軟な対応を行うことができると賛同しています。ISGによるプリンシプル・ベースのアプローチは，アメリカで現在政府主導のコードがないことを踏まえると，機関投資家と投資先企業の両方が相互に合意できる目標を設定する場と機会を作ったという意味において，肯定的に評価できるでしょう。なお，このフレームワークは株主の権利を拡大したり，投資先企業や機関投資家に新しい義務を課したりするものではありません。

ISGガバナンス・フレームワークは，取締役会の実効性（原則５を参照），役員報酬と長期的な財務結果の調整（原則６），および取締役会の説明責任（原則１）の重要性を強調しており，これらは１株１議決権の資本構成（原則２）および独立した取締役会のリーダーシップ（原則４）を含むガバナンスのベスト・プラクティス（原則３）の採用によって実現されます。特に取締役会は，会社の長期戦略を実行する原動力が会社のインセンティブ構造に適切に設定されるようにすること，またその原動力を株主に伝達することに対して責任を負うことが定められています（原則６）。

6　ISGのスチュワードシップ原則

一方，ISGスチュワードシップ・フレームワークは，機関投資家がポートフォリオ企業の長期的な経済的成功に対して利益と責任を有しており，スチュワードシップ原則は長期的な株主価値の維持と促進に不可欠であるとの認識からスタートしています。この基本的認識はイギリスのスチュワードシップ・コードと同じです。ISGスチュワードシップ・フレームワークは，機関投資家が基本的なスチュワードシップ責任を明確にすることを奨励し，外部のサービスプロバイダーを利用する場合でも，エンゲージメントと議決権行使の方針および決定に対する運用機関の責任が存続することを確認しています。注目に値するのは，比較的簡潔なフレームワークの記述の中にlong-term interestsやlong-term valueの語が3回出てくることです（B.1，B.2，D.1）。ただしESGの用語は使用されていません（「ガバナンス」の用語はもちろん出てきますが）。

7　アメリカの投資戦略と経営戦略の変化の兆し

アメリカは地域によってESG課題に対する姿勢に大きな差があり，西海岸のカリフォルニア州や東海岸のニューヨーク州などはこれに熱心で，特に最大の公務員年金であるカリフォルニア州職員退職年金基金（The California Public Employees' Retirement System），略称カルパース（CalPERS）と，長年SRIを行ってきたニューヨーク市職員年金基金は積極的であります。カルパースは，CO_2の排出削減や取締役の多様性などを企業に求めていくことを盛り込んだ新たなESG投資戦略プランを2016年8月に公表しました。

アメリカのパッシブファンドは，新たな投資方針，特にESG投資に関する方針を策定したことを相次いで発表しています。たとえばBlackRockの会長兼CEOのラリー・フィンクは，2018年1月，CEOへの手紙の中で，投資の巨人（investment giant）からの支援を求める取締役会は，ESG問題を優先的に推進し，取締役会の多様性を強調し，長期的な戦略を明確にする必要があると述べています。さらに「長期的な繁栄のためには，すべての企業は財務実績を提供するだけでなく社会に積極的な貢献を示す必要があり，企業は株主，従業員，顧客，コミュニティを含むすべての利害関係者に利益をもたらす必要がある」とも述べています。ビッグスリーを含むパッシブファンドは，顧客の最善の利益のために投資先企業の長期的な成長を維持することを目的として，すでにESG問題に細心の注意を払っています。

ビジネス・ラウンドテーブル（アメリカの大手企業の経営者CEOの団体）は，2019年８月19日に発表されたプレスリリースで新しい「企業の目的に関する声明」の採択を発表しました。これには181人の著名なCEOが署名しました。ビジネス・ラウンドテーブルは1978年以降，定期的にコーポレートガバナンス原則を公表しており，1997年からは「企業は主に株主のために存在する」と宣言してきました。ところが2019年の声明では，一転して「株主主権（shareholder primacy）からの脱却」を指針として示し，株主主権の代わりにすべてのステークホルダーにコミットする「企業責任の現代的基準」を掲げて，ESGコンセプトの一部をこれに組み込んでいます。この声明の中で，各署名者は，顧客への価値の提供，従業員への投資，サプライヤーとの公平かつ倫理的な取引，取引先のコミュニティのサポート，および長期的な株主価値の創出に取り組むとしています。この声明は主要企業のコーポレートガバナンスへの考え方の方向転換を示唆するものとして大きな反響を呼びました。ただ，たとえば機関投資家団体のCouncil of Institutional Investors（CII）はこの声明に直ちに反応し，これは株主の権利を弱めようとするものであり，取締役会と経営陣は他のどのステークホルダーに対してアカウンタビリティを負うのかその名宛人とメカニズムを示していないと批判しています。株主主権，株主利益最大化理論からすれば当然の批判でしょう。後述するように，学界でもBebchukなど短期主義のどこが悪いのかと反論する有力な学者が一定数存在します。

8　ESG情報の開示の要請

アメリカの公開会社は，レギュレーションS-X（財務情報）とレギュレーションS-K（非財務情報）に規定される開示項目を，Form 10-Kの様式でSECへ提出し，またこれらレギュレーションに従って株主向けの年次報告書を作成しなければなりません。1977年にレギュレーションS-Kが採用され，登録届出書（registration statement）が統一・統合されて情報開示が促進されました。1982年，SECはレギュレーションS-Kを拡張および再編成し，これが非財務諸表の開示要件の中心的なリポジトリになりました。現在，ESG情報の開示は主に自主決定に基づいており，今日のほとんどの公開企業は，投資家や株主からの持続可能性に関する情報開示の圧力により，年次報告書以外に，投資家向けの非財務情報の主要な情報源である「持続可能性レポート」を自主的に作成しています。実際，S&P 500社の85％を超える企業が自主的にこのレポートを作成しているため，このESG情報の一部はすでに投資家や資本市場に公開されています。上場企業に持続可能性レポートを義務付けることが検討されてきましたが，いずれにせよ現在まで義務付けには至っていません。

しかしながら，自主的作成に任せた結果として発行会社の開示内容が大幅に異なることとなり，この標準化の欠如は投資家の比較可能性を減殺し開示の価値を低下させていると批判されています。さらに，持続可能性レポートの質も発行会社により大きく異なり，その正確性が監査または監視されることもほとんどありません。さまざまな私的機関でESG開示の基準が策定されており，またグローバル企業の一部はアメリカ以外の国の規制当局による強制報告システムに組み込まれていますが，それ以外ではアメリカ企業によるESG情報の開示のフレームワークの実装は任意といえます。

第5章

日本の
コーポレートガバナンスと
スチュワードシップ

I　わが国会社法制の変遷とコーポレートガバナンスの特色

ここでコーポレートガバナンスとは何かをあらためて考えてみます。コーポレートガバナンスとは会社を健全に管理・運営するための会社法の基本的な枠組みです。重要なポイントは何かといえば，経営陣を監視・監督することです。コーポレートガバナンスの定義については，国・時代により微妙に異なります。わが国でも会社法に明記されたものはありません。ただ一般には，“権限が集中する経営者を監視し暴走を未然に防ぐ仕組み”すなわち，経営監視システムを問うものと考えられています。ただし企業経営における経営者に対する監視・監督の機能強化を徹底的にすればよいというわけではなく，その効率性も重要なポイントです。わが国の会社法上は，株主総会，取締役会，監査役(会)，会計監査人，株主代表訴訟等の制度が一体となってコーポレートガバナンス体制を担っています。

もともとわが国会社法は商法の一部であり，基本的にはドイツ法系でした。1950年に商法の大改正が行われ，取締役会制度が導入され（これに伴い監査役の職責は会計監査に縮小されました），また代表訴訟が導入されるなど株主の権利が種々の点で強化されました。1960年代後半になり機関構成のあり方につき再検討が行われました。商法特例法で，大会社・中会社の監査役は再び業務監査をも担うこととなり，これに伴いその調査権限等が強化されました。その後1981年には監査制度が整備されますが，2001年の改正で監査役制度に関してさらなる充実が図られました。監査役の任期の延長その他独立性の強化，大会社での社外監査役の強制，監査役会の設置などにわたります。このようにそれまでガバナンス改革の柱は監査役制度改革でしたが，その後取締役会の機能へと目が向けられていきました。わが国では伝統的に経営陣が取締役会メンバーを兼ねるマネジメント・ボードが主流でした。しかし，コーポレートガバナンスの実効性を高める上で，取締役会制度の改革が目指すべき方向は執行と監督の機能分離となりました。ここに英米型のモニタリング・ボードの思想が入ってきたのです（56頁参照）。選択肢として「委員会等設置会社」制度が導入されたのもこの一環であります。実質的にアメリカ型のコーポレートガバナンスへ移行してきたといえるでしょう。そして2005年に現在の「会社法」が制定されました。最近の会社法改正はどうでしょうか。

2014年にはコーポレートガバナンスの強化に関する会社法改正がありました。

⑴　新たな機関設計である監査等委員会設置会社の創設

⑵　社外取締役のあり方に関する規律の見直し

①社外取締役等の要件の厳格化

②社外取締役を選任しない場合，社外取締役を置くことが相当でない理由を株主総会で説明する義務の新設（327条の２）

この改正を契機に，上場会社については，取締役である独立役員を１名以上確保する努力義務が東京証券取引所の上場規則に規定され（上場規程第445条の４），また，コーポレートガバナンス・コードにおいて独立社外取締役２名以上の選任が求められました（原則4-8）。

さらに2019年にコーポレートガバナンスの強化につき再度の法改正がありました。

⑴　株主提案権の濫用防止

⑵　取締役の報酬内容を決定するための方針の策定，役員報酬の情報開示

⑶　上場企業等に対して，社外取締役設置の義務化

この⑶は2014年改正の⑵②を一歩進めたものであることは明らかです。

英米のコーポレートガバナンス改革は，証券市場や株主からの規律に基づく経営の効率性の向上を目指すものであるのに対して，日本では伝統的にステークホルダー（特に従業員）の位置付けが高く独自の発展を遂げてきたといわれます。たとえば特徴として，取締役会の構成（業務執行を行う取締役，社外取締役の不在），メインバンク等のステークホルダーの存在，配当性向の低さ，政策保有株式（相互保有株式も含む）の存在などが指摘されてきました。これらはいずれも市場や株主によるモニタリングやガバナンスを減殺させるものであるとして問題視されてきました。

Ⅱ　日本版コーポレートガバナンス・コード

1　日本版コーポレートガバナンス・コードの策定

わが国では，安倍政権の下，成長戦略としての上場会社のコーポレートガバナンス改革が推進され，2014年の「『責任ある機関投資家』の諸原則《日本版スチュワードシップ・コード》」がまず策定されました。その後金融庁と東京証券取引所は，共同事務局として2014年８月から2015年３月にかけて「コーポレートガバナンス・コードの策定に関する有識者会議」を開催して「コーポレートガバナンス・コード原案」をまとめ，同年６月に確定版が公表されました。

コードの序文では以下のように方向性が示されました。

「本コード（原案）は，こうした責務（筆者注：会社が株主やステークホルダーに対して負う責任）に関する説明責任を果たすことを含め会社の意思決定の透明性・公正性を担保しつつ，これを前提とした会社の迅速・果断な意思決定を促すことを通じて，いわば『攻めのガバナンス』の実現を目指すものであります。」（東証2015年6月1日コーポレートガバナンス・コード～会社の持続的な成長と中長期的な企業価値の向上のために～p27有識者検討会の「コード原案序文」）

さらに，コーポレートガバナンス・コードでは，コーポレートガバナンスとは，会社が，株主をはじめ顧客・従業員・地域社会等の立場を踏まえた上で，「透明・公正かつ迅速・果断な意思決定を行うための仕組み」を意味すると定義されています。このように，コーポレートガバナンス・コードが，わが国の成長戦略の一環として，経営者の迅速・果断な意思決定を促し，わが国の上場企業の「稼ぐ力」を取り戻させるための「攻めのガバナンス」の強化を意図していたことがわかります。

2　コーポレートガバナンス・コードとESG

コーポレートガバナンス・コードは，実効的なコーポレートガバナンスの実現に資する主要な原則を取りまとめたものであり，具体的には①株主の権利・平等性の確保，②株主以外のステークホルダーとの適切な協働，③適切な情報開示と透明性の確保，④取締役会等の責務，⑤株主との対話の5つの章に分かれ，ベスト・プラクティスとして示される複数の原則（基本原則・原則・補充原則）によって構成されています。イギリスと同じく，ルール・ベースではなく「comply or explain」原則がとられています。

2015年の策定時からコーポレートガバナンス・コード原則2-3で「上場会社は，社会・環境問題をはじめとするサステナビリティー（持続可能性）を巡る課題について，適切な対応を行うべきである」とされていました。2018年６月にコードが改訂され，基本原則３「考え方」において，従前より詳しく「会社の財政状態，経営戦略，リスク，ガバナンスや社会・環境問題に関する事項（いわゆるESG要素）などについて説明等を行ういわゆる非財務情報を巡っては，…開示・提供される情報が可能な限り利用者にとって有益な記載となるよう積極的に関与を行う必要がある」と改められ，非財務情報にESG要素に関する情報が含まれることが明確化されました。

図表５-１　2018年版コーポレートガバナンス・コードの構成

	基本原則	原則		補充原則
1	株主の権利・平等性の確保	1-1	株主の権利の確保	①株主総会決議の反対票の分析 ②株主総会決議事項の委任 ③少数株主権の配慮
		1-2	株主総会における権利行使	①株主への情報提供 ②招集通知の早期発送とWeb公表 ③総会関係の日程 ④電子投票と招集通知の英訳 ⑤実質株主の対応
		1-3	資本政策の基本的な方針	
		1-4	政策投資株式	①政策保有株式の縮減の促進 ②経済合理性の検証
		1-5	買収防衛策	①公開買付された場合の取締役会方針の開示
		1-6	株主の利益を害する可能性のある資本政策	
		1-7	関連当事者間の取引	
2	株主以外のステークホルダーとの適切な協働	2-1	中長期な企業価値向上の基礎となる経営理念の策定	
		2-2	会社の行動準則の策定・実践	①取締役会による行動準則の定期的レビュー
		2-3	社会・環境問題をはじめとするサステナビリティーを巡る課題	①取締役会でのサステナビリティー課題への積極的な取組み
		2-4	女性の活躍促進を含む社内の多様性の確保	
		2-5	内部通報	①経営陣から独立した内部通報窓口

		2-6	企業年金のアセットオーナーとしての機能発揮	
3	適切な情報開示と透明性の確保	3-1	情報開示の充実	①ひな型記述を避けた具体的な記述 ②英文での開示
		3-2	外部会計監査人	①監査役会の対応 ②監査人からのアクセスの保証
4	取締役会等の責務	4-1	取締役会の役割・責務(1)経営戦略	①経営の業務執行へ委任する範囲の明確化 ②中期経営計画 ③後継者計画の策定・運用
		4-2	取締役会の役割・責務(2)経営陣からの提案	①役員報酬の明確化
		4-3	取締役会の役割・責務(3)マネジメント	①経営陣の選解任の公正・透明化 ②③CEOの選解任 ④リスク管理体制
		4-4	監査役及び監査役会の役割・責務	①社外監査役と常勤監査役の連携
		4-5	取締役・監査役等の受託者責任	
		4-6	経営の監督と執行	
		4-7	独立社外取締役の役割・責務	
		4-8	独立社外取締役の有効な活用	①社外取締役だけの会合 ②筆頭独立社外取締役
		4-9	独立社外取締役の独立性判断基準及び資質	
		4-10	任意の仕組みの活用	①独立社外取締役による任意の委員会
		4-11	取締役会・監査役会の実効性確保のための前提条件	①取締役の選任基準の開示 ②役員の兼任状況の開示 ③取締役会の自己評価
		4-12	取締役会における審議の活性化	①取締役会の審議の活性化
		4-13	情報入手と支援体制	①役員の情報入手 ②外部専門家の活用 ③社外役員との連携
		4-14	取締役・監査役のトレーニング	①会社に関する知識の取得と更新 ②トレーニング方針の開示
5	株主との対話	5-1	株主との建設的な対話に関する方針	①株主との対話 ②株主と対話の方針 ③自社の株主構造の把握
		5-2	経営戦略や経営計画の策定・公表	

出所：筆者作成

3　コーポレートガバナンス・コードの改訂

2017年10月以降，金融庁・東京証券取引所に設置された「スチュワードシップ・コード及びコーポレートガバナンス・コードのフォローアップ会議」（以下「フォローアップ会議」という）において，コーポレートガバナンス改革の進捗状況についての検証が行われ，2018年３月，コーポレートガバナンス改革をより実質的なものへと深化させていくことを目的として，コーポレートガバナンス・コードの改訂と，「投資家と企業の対話ガイドライン」の策定が提言されました。

このような経過をたどり，コード策定から３年が経過した2018年６月，コーポレートガバナンス・コードの一部改訂が行われました。2018年版の主な改訂点は以下のとおりです。

①経営環境の変化に対応した経営判断と投資戦略・財務管理の方針

経営戦略や経営計画の策定・公表にあたっては，自社の資本コストを的確に把握すること，その実現のために，事業ポートフォリオの見直しや，設備投資・研究開発投資・人材投資等を含む経営資源の配分等の説明を行うべきことを明示しました（原則5-2）。資本コストとは資金の提供者が期待するリターンであり，企業側からすれば資金調達に伴うコストをいいます。資本コスト経営とは簡単にいえば投資家の期待する最低限の収益率を超える経営をいいます。いわゆる「伊藤レポート」（2014年）で，企業のROEが資本コストを上回って初めて（エクイティスプレッド）企業価値向上に向けた原資が生み出され，それが長期的な株主価値に結び付くと述べられています。ただし資本コストの計算自体容易ではないとされており，東証も「資本コストの数値自体の開示は求められません」と述べています。

②CEOの選解任と後継者計画

取締役会による選解任の決定プロセスに客観性・適時性・透明性が欠ける場合が多いことが，コーポレートガバナンス上の問題として認識されてきました。そこで取締役会による経営陣幹部の選解任の方針と手続，それに基づく個々の選解任の説明を開示すべきことを明示しました（原則3-1(iv)(v)）。さらに取締役会は経営陣幹部の選解任は公正かつ透明性の高い手続に従い適切に実行すべきであり（補充原則4-3①②③），また最高経営責任者CEO等の後継者計画について適切に監督を行うべきである（補充原則4-1③）ことも規定しました。

③経営陣の報酬決定

インセンティブ報酬について規定する補充原則4-2①につき，取締役会は，「客観性・透明性ある手続に従い，報酬制度を設計し，具体的な報酬額を決定すべきである」と改訂されました。

④独立した指名・報酬委員会の活用

監査役会設置会社または監査等委員会設置会社であって，独立社外取締役が取締役会の過半数に達していない場合には，指名・報酬に関する任意の独立した諮問委員会の設置を求めています（補充原則4-10①の改訂）。

⑤独立社外取締役の活用と取締役会の多様性等

取締役会の構成については，改訂前から，多様性と適正規模を両立させる形で構成されるべきであるとされていましたが（補充原則4-11），多様性に「ジェンダーや国際性の面」が含まれることが明示されました（原則4-11）。また会社を取り巻く環境等を勘案し，十分な人数の独立社外取締役を選任すべきことも明記されました（原則4-8）。なお，東証一部上場企業は，独立社外取締役の選任につき，コーポレートガバナンス・コード導入前の2014年には21.5%でしたが，2018年には91.3%に達しました。

⑥アセットオーナー

企業年金において，スチュワードシップ活動の関与が低いことから，企業年金の運用にあたる適切な資質を持った人材の計画的な登用・配置などの人事面や運営面における取組みを行うとともに，そうした取組みの内容を開示すべきであるとの原則が新設されました（原則2-6）。

4　政策保有株式の縮減に関する方針・考え方などを開示させる

政策保有株式に関する改訂につき少し述べます。政策保有株式とは，企業が純粋な投資ではなく，取引先との関係維持や買収防衛といった経営戦略上の目的で保有している株式をいいます。1960年代ごろから広まった日本特有の仕組みで，「株式持ち合い」の形が多いとされますが，一方企業だけが保有する場合もあります。資産の有効活用を妨げるほか，「モノいわぬ株主」が存在することでコーポレートガバナンスの形骸化を招く危険があり，海外投資家を中心に批判を浴びてきました。しかしバブル崩壊を機に解消が進みました。市場の透明性と客観性に基づく長期的な価値向上を目指す日本版コーポレートガバナンスの観点から政策保有株式の解消が課題とされてきました。

コードの改訂で，上場会社が政策保有株式として上場株式を保有する場合，「政策保有株式の縮減に関する方針・考え方など」を開示することが求められることとなりました（原則1-4第１文）。また，毎年，取締役会において，個別の政策保有株式の保有目的や保有に伴う便益・リスクが資本コストに見合っているか等を具体的に精査した上で，保有の適否を検証し開示しなければなりません（原則1-4第2文)。さらに政策保有株主による当該株式売却等の申入れを妨げるべきでないこと（補充原則1-4①)，政策保有株主との間の取引につき経済合理性を十分に検証すべきこと（補充原則1-4②）なども求められています。

5　そもそもコーポレートガバナンスの本質部分とは

前述したように，コーポレートガバナンスとは，会社を健全に管理・運営するための会社法の基本的なあり方です。ところで日本版コーポレートガバナンス・コードは冒頭で以下のように述べています。

> 「本コードにおいて，『コーポレートガバナンス』とは，会社が，株主をはじめ顧客・従業員・地域社会等の立場を踏まえた上で，透明・公正かつ迅速・果断な意思決定を行うための仕組みを意味する。本コードは，実効的なコーポレートガバナンスの実現に資する主要な原則を取りまとめたものであり，これらが適切に実践されることは，それぞれの会社において持続的な成長と中長期的な企業価値の向上のための自律的な対応が図られることを通じて，会社，投資家，ひいては経済全体の発展にも寄与することとなるものと考えられる。」

「透明・公正な意思決定を行うための仕組み」は経営陣の監視・監督という点からすればコーポレートガバナンスの本質部分といえるでしょう。さて「果断な」は「攻めのコーポレートガバナンス」を言い表しているだけなので本質ではありません。では，「株主をはじめ顧客・従業員・地域社会等の立場を踏まえた上で」との部分はコーポレートガバナンスの本質部分でしょうか。基本原則を見ると，適切な情報開示と透明性の確保（原則３），取締役会等の責務（原則４）に加えて，株主の権利・平等性の確保（原則１），株主以外のステークホルダーとの適切な協働（原則２），株主との対話（原則５）までも規定されています。すなわち，株主その他のステークホルダー利益の考慮はガバナンス構築のための本質部分なのであろうかという疑問です。

イギリスのコーポレートガバナンスではどうでしょうか。前述のように，2018年版のコーポレートガバナンス・コードは，キャドバリー報告書におけるコーポレートガバナンスの定義を引用しつつ，1. 取締役会のリーダーシップと会社の目的，2. 責任の分担，3. 構成・サクセッション・評価，4. 監査・リスク・内部統制，5. 報酬という５つの原則を示しこれに依拠しています。コードにステークホルダーとの関係に関する定めはありません。2016年版にあった「株主との関係」も2018年版では消失しています。2018年改訂版の導入部分では，持続可能性や長期的成長に言及し，広範囲のステークホルダーとの関係が重要と言及してはいますが，これは企業文化（company's culture）の問題としています。日本と比較してかなり規律対象が狭く，取締役会を中心とした内部のガバナンスに限定した記述になっています。なお，コーポレートガバナンスの概念には，いわゆる内部統制システムに直結する事項はもちろん，インセンティブや人事システムを含む生産性・収益性を向上させるための事項（いわゆる効率性ガバナンス）も本質的に含んでいます。いずれにしても，イギリスのコードはコーポレートガバナンスの本質部分に限った規定になっているといえるでしょう。

なお，1999年に策定されたOECDコーポレートガバナンス原則は，

①株主の権利，②株主の公正な扱い，③利害関係者の役割，④情報開示と透明性，および⑤取締役会の責任の５節から構成され，各節は１つの原則および，これを支える複数の勧告からなっています。2004年に改訂され，さらに再改訂となる「G20/OECDコーポレートガバナンス原則」が2015年に公表されました。G20とOECDの合作として公表したところが特徴であります。再改訂版ではⅠ.有効なコーポレートガバナンスの枠組みの基礎の確保，Ⅱ.株主の権利と平等な取扱い及び主要な持分機能，Ⅲ.機関投資家，株式市場その他の仲介者，Ⅳ.コーポレートガバナンスにおけるステークホルダーの役割，Ⅴ.開示及び透明性，Ⅵ.取締役会の責任，という構成になっています。

コーポレートガバナンスの検討に際し，『日本再興戦略—2014—』において，「コードの策定に当たっては，東京証券取引所のコーポレートガバナンスに関する既存のルール・ガイダンス等や『OECDコーポレートガバナンス原則』を踏まえ，我が国企業の実情等にも沿い，国際的にも評価が得られるものとする」と表明していました。OECDコーポレートガバナンス原則を手本にしたということで，日本のコーポレートガバナンス・コードの対象が株主やその他ステークホルダーに広がっている理由に１つ納得がいくかもしれません。さらに，スチュワードシップ・コードと両輪として企業の中長期の成長を確保するという視点（これはイギリスも同じですが）や「攻めのガバナンス」という姿勢も影響していると思われます。

6 取締役会の実効性の確保

取締役会評価についてはコーポレートガバナンス・コードの補充原則に以下のように記述されています（改訂前後で変わりません）。

補充原則4-11③

取締役会は，毎年，各取締役の自己評価なども参考にしつつ，取締役会全体の実効性について分析・評価を行い，その結果の概要を開示すべきである。

この補充原則は，短期的視点ではなく中長期的視点から企業価値を高める目的で規定されたものです。各企業は，自社の目標を自由に設定し，モニタリングし，評価することを期待されています。すなわち，PDCAサイクルを回すことを意図しています。取締役会評価は課題の抽出が重要であり，ハイスコアの結果を示すことが目的ではありません。今年の評価の結果を受けて取締役会がこれに対処するため必要なアクションを決定し，それを１年かけて実行します。そして，翌年の評価においてそのアクションの結果を検証します。このような，取締役会の実効性向上のための持続的で不断の努力のプロセスが取締役会評価です。

上場企業はコーポレートガバナンス・コードの適用状況について「コーポレート・ガバナンスに関する報告書」（以下「ガバナンス報告書」という）において説明し開示することが求められています。ガバナンス報告書の記載項目は下記のとおりです。

⑴　コーポレート・ガバナンスに関する基本的な考え方及び資本構成，企業属性その他の基本情報
⑵　経営上の意思決定，執行及び監督に係る経営管理組織その他のコーポレート・ガバナンス体制の状況
⑶　株主その他の利害関係者に関する施策の実施状況
⑷　内部統制システム等に関する事項
⑸　その他

上場会社はコードの各原則の適用状況の開示，またはコードの各原則を実施しない理由の開示を行います（Comply or Explain）。東京証券取引所が2017年９月５日に公表した「コーポレートガバナンス・コードへの対応状況（2017年７月時点）」によると，東証１部・２部企業のうち2,540社がコードに対応した新様式でのガバナンス報告書を提出しています。

7　コーポレートガバナンスと内部統制，コンプライアンスとの関係

「内部統制」とは，業務の適正を確保するための体制（内部統制システム）をいいます。事業規模が大きくなれば取締役がいちいち業務全般につき監視・監督することは不可能になります。そこで取締役や使用人（従業員）の不正行為を防止するため，事業の規模，特性等に応じた内部統制システムを構築し整備することが必要となります。大会社において「内部統制システムの設置」が義務付けられており（会社法348条４項・362条５項），それ以外の会社でも内部統制システムの設置は取締役会の専決事項（362条４項６号，取締役会非設置会社では取締役の過半数による決定事項，348条３項４号）とされています。これらの条項にいう「法務省令」は会社法施行規則98条，100条および112条などを指します。施行規則は以下を規定し，内部統制システムの体制整備を求めています。

1．取締役の職務の執行にかかる情報の保存および管理に関する体制
2．会社の損失の危険の管理に関する規程その他の体制（いわゆるリスク管理体制）
3．取締役の職務の執行が効率的に行われることを確保するため

の体制

4．使用人の職務の執行が法令および定款に適合することを確保するための体制（いわゆるコンプライアンス体制）

5．企業集団における業務の適正を確保するための体制

6．監査役設置会社では監査役の職務執行に関する体制，監査役非設置会社では取締役が株主に報告すべき事項の報告をするための体制

また，上場企業またはその関連会社は金融商品取引法に基づき，監査のための「内部統制報告書」を提出する義務があります。

他方で，会社法上，コンプライアンス体制は，原則として内部統制システムに包含される関係にあると考えてよいと思います。コンプライアンスのためには会社として整備すべき事項があります。コンプライアンスは「法令遵守」と翻訳されますが，国，政府が制定する法令・規則のみが対象ではありません。各企業の「企業理念」，それを具体化した「行動規範」，さらには社内諸規程（代表的には就業規則など）なども対象となります。さらにコンプライアンス体制として，推進部門の整備，コンプライアンス教育の推進が求められます。

大雑把にいえばわが国では**図表5-2**のように整理できるでしょう。

図表5-2　コーポレートガバナンス，内部統制，コンプライアンスの関係

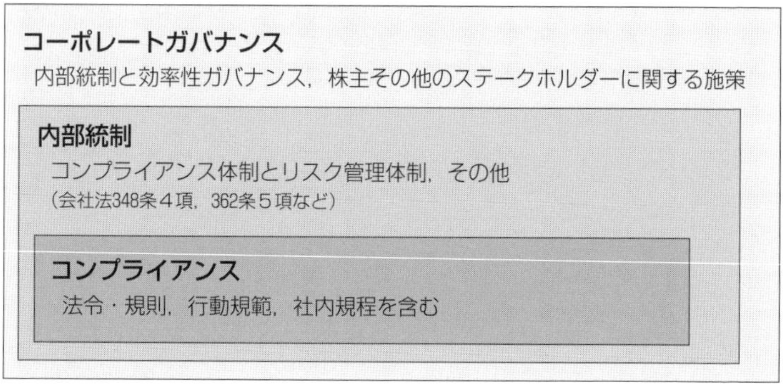

コーポレートガバナンス
内部統制と効率性ガバナンス，株主その他のステークホルダーに関する施策

内部統制
コンプライアンス体制とリスク管理体制，その他
（会社法348条４項，362条５項など）

コンプライアンス
法令・規則，行動規範，社内規程を含む

出所：筆者作成

Ⅲ 日本版スチュワードシップ・コード

1 スチュワードシップ・コード制定の経緯

日本経済の活性化のため，日本政府は長期にわたる円高・デフレに対してさまざまな経済政策を実施してきましたが，2013年6月，このような方針の実現を目指し日本企業の再興戦略が承認されました。この1つとして「機関投資家が，対話を通じて企業の中長期的な成長を促すなど，受託者責任を果たすための原則（日本版スチュワードシップコード）」について検討を行い，草案を作成することが閣議決定されました。2013年8月に金融庁は，日本版スチュワードシップ・コードに関する有識者検討会を設置し，有識者検討会は，2014年2月26日に「『責任ある機関投資家』の諸原則《日本版スチュワードシップコード》」を策定しました。スチュワードシップ・コードは発効し，金融庁はコードの受け入れを表明した機関投資家のリストを公開し定期的にこれを更新しています。その後コードは2017年5月に改訂され，2020年に約3年ぶりの再改訂となりました。

2 スチュワードシップ・コードの意義

スチュワードシップ・コードは，顧客・受益者，および投資先企業に十分配慮して，責任ある機関投資家としてスチュワードシップ責任を果たす上で役立つと考えられる諸原則を定義しています。本コードにおいて，「スチュワードシップ責任」とは，機関投資家が，投資先の日本企業やその事業環境等に関する深い理解のほか運用戦略に応じたサステナビリティ（ESG要素を含む中長期的な持続可能性）の考慮に基づく建設的な「目的を持った対話」（エンゲージメント）などを通じて，当該企業の企業価値の向上や持続的成長を促すことにより，顧客・受益者（最終受益者を含む。以下同じ）の中長期的な投資リターンの拡大を図る責任を意味すると定義されています（下線は2020年版で追加された部分です）。機関投資家がスチュワードシップ・コードを受け入れるか否かは任意です。金融庁はコードの受け入れを表明した機関投資家のリストを公表することによりコードの受け入れを促しています。再改訂の最大のポイントは，機関投資家の投資活動に対して，ESG要素を含めたサステナビリティー（持続可能性）を考慮するよう求めている点です。

3　スチュワードシップ・コードとコーポレートガバナンス・コードとの関係

さらに，スチュワードシップ・コードは次のように述べています。

> 「コーポレートガバナンス・コード（2015年の初版）に示されているように，取締役会は，適切なガバナンス機能を発揮することにより，企業価値の向上を図る責務を有しており，企業側のこうした責務とスチュワードシップ・コードに定める機関投資家の責務とは『車の両輪』である。両者が適切に相まって質の高いコーポレートガバナンスが実現され，企業の持続的な成長と顧客・受益者の中長期的な投資リターンの確保が図られていくことが期待される。」

これに対し，コーポレートガバナンス・コードは基本原則において次のように説明しています。

「会社の持続的な成長と中長期的な企業価値の創出は，従業員，顧客，取引先，債権者，地域社会をはじめとする様々なステークホルダーによるリソースの提供や貢献の結果であることを十分に認識し，これらのステークホルダーとの適切な協働に努めるべきであり（基本原則２），また，その持続的な成長と中長期的な企業価値の向上に資するため，株主総会の場以外においても，株主との間で建設的な対話を行うべきである。」（基本原則５）。

このようなスチュワードシップ・コードとコーポレートガバナンス・コードの枠組みに従えば，投資先企業との建設的な対話が行われると投資先企業の企業価値の向上や持続的成長が促され，顧客・受益者への中長期的なリターンの拡大が見込まれ，最終的にはわが国の経済と金融システムに利益をもたらすことが期待されます。

とはいっても，株主（多くの機関投資家を含む）の無関心の傾向と株式の所有構造の複雑さを考えると，実質株主や最終株主（最終受益者）によるコントロールはまだまだ不十分であります。さらに，スチュワードシップの形態やインセンティブは，機関投資家の種類，規模，および運用ポリシー（たとえば長期運用か短期運用か，アクティブ運用かパッシブ運用か等）によってさまざまです。

4　スチュワードシップ責任は受託者責任か

2013年３月産業競争力会議においてイギリスのスチュワードシップ・コードの日本版導入が提言されました。その後日本経済再生本部において「幅広い範囲の機関投資家が適切に受託者責任を果たすための原則のあり方について検討すること」が公表され，引き続き日本再興戦略で，機関投資家が「対話を通じて企業の中長期的な成長を促すなど，受託者責任を果たすための原則（日本版スチュワードシップコード）」について検討・取りまとめることが閣議決定されました。しかしながら結局受託者責任を課すことにはなりませんでした。スチュワードシップ・コードは法的規範ではないですし，また法的拘束力もありません。機関投資家に「comply or explain」原則に基づいて行動する一定の責務を課すことにより，この目的を達成しようとするものです。スチュワードシップ責任は受託者責任ではありません。前述したように，イギリスと同じ道をたどったということになります。

5　スチュワードシップ・コードの対象

日本のスチュワードシップ・コードで対象となる機関投資家の範囲は次のとおりです。

図表5-3　スチュワードシップ・コード（2017年改訂の論点）

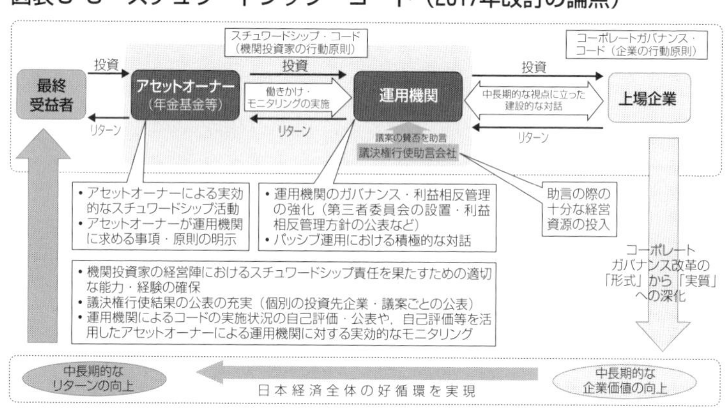

フォローアップ会議意見書(4)

○スチュワードシップ・コード
　課題① 運用機関：議決権行使の理由の説明など対話の活動についての開示が不十分
　課題② アセットオーナー：企業年金のスチュワードシップ活動の範囲の理解が不十分
　課題③ 議決権行使助言会社：助言の策定に必要な体制整備や企業との意見交換が不十分
○コーポレートガバナンス・コードの残された課題：監査の信頼性確保，グループガバナンス

出所：金融庁（2019）スチュワードシップ・コードに関する有識者検討会（令和元年度第１回）「資料３　事務局説明資料　スチュワードシップ・コードをめぐる状況と論点等について」10月２日。

1）資金の運用等を受託し自ら企業への投資を担う「アセットマネージャー（資産運用者）としての機関投資家」（投資運用会社など）には，投資先企業との建設的な対話等を通じて，当該企業の企業価値の向上に寄与することが期待されます。

2）当該資金の拠出者を含む「アセットオーナー（資産保有者）としての機関投資家」（年金基金，保険会社など）には，スチュワードシップ責任を果たす上での基本的な方針を示した上で，自ら，あるいは委託先である運用機関の行動を通じて，投資先企業の企業価値の向上に寄与することが期待されます。

3）機関投資家から業務の委託等を受け，機関投資家が実効的なスチュワードシップ活動を行うことに資するサービスを提供する「機関投資家向けサービス提供者」（議決権行使助言会社や年金運用コンサルタントなど）には，顧客・受益者から投資先企業へと向かうインベストメント・チェーン全体の機能向上のために重要な役割を果たすことが期待されています。

金融庁が想定するスチュワードシップ・コードを実行するインベストメント・チェーンは**図表5-3**のとおりです。

6　2017年版スチュワードシップ・コードの改訂点

機関投資家によるスチュワードシップ・コードの受け入れにつき透明性を保つため，本コードを受け入れた者は，ウェブサイトでその受け入れなどを公表し，公表された情報を毎年見直して更新し，公表に使用されたウェブサイトのアドレスを金融庁に通知する必要があります。2016年12月の署名者数は214名で，資産運用会社159名（信託銀行7名，投資運用会社152名），アセットオーナー48名（生命保険会社18名，損害保険会社4名，年金基金26名），サービスプロバイダー7名でした。

このような状況のもと，2016年11月30日，金融庁および東京証券取引所によって設置されたフォローアップ会議は，「機関投資家による実効的なスチュワードシップ活動のあり方」に関する意見書を公表しスチュワードシップ・コードの改訂を提言しました。これを受けスチュワードシップ・コードに関する有識者検討会がコード改訂について議論を重ね，金融庁はそのような議論に基づいて，2017年に改訂版スチュワードシップ・コードを公表しました。改訂版は以下の5点につき改訂を加えています。

1）アセットオーナーによる実効的なモニター

改訂後コードの原則1に基づいて，運用受託機関をモニターする際のアセットオーナーの役割につき新しい指針が規定されました。2017年改訂は，アセットオーナーは運用機関に積極的にスチュワードシップ活動に関与することを求めるよう定めています（指針1-3および1-4を参照）。具体的にはスチュワードシップ活動に関して求める事項や原則を運用機関に対して明確に示すことによります。アセットオーナーの責任と運用機関の責任を区別して定義し，アセットオーナーの責任をさらに重視することでアセットオーナーに圧力をかけ，インベストメント・チェーン全体にスチュワードシップを向上させることを期待しています。

2）資産運用会社のガバナンスと利益相反の管理

利益相反の管理に関するより詳細な指針が追加されました。これにより，運用機関が利益相反を管理し，顧客・最終受益者の利益を確保するための明確な方針を導入することを求めています。運用機関は，利益相反が生じ得る局面を具体的に特定し，その利益相反を回避し，顧客・受益者の利益を確保するための措置について具体的な方針を策定し公表しなければなりません（指針2-2)。なおアセットオーナーは原則２および指針2-1および2-2前段の対象に含まれます。

３）パッシブ運用ファンドにおける対話

指針4-2は，パッシブ運用ファンドは，ポートフォリオで株式を売却する選択肢が限られていることから，より積極的に中長期的視点に立った対話や議決権行使に取り組むべきであるとしています。高い市場占拠率を有するパッシブファンドの役割の重要性を確認したもので今後も重要な視点となるでしょう。

４）議決権行使結果の公表の充実

当初の2014年版において，指針5-3は議決権行使の結果を集計し公表することは必ずしも求めていませんでした。しかしながら，指針5-3の改訂により，機関投資家は議決権の行使結果を個別の企業および議案ごとに公表することが求められ，さらにそのような議決権行使の賛否の理由の開示も奨励されることになりました。金融庁は，この指針が機関投資家の説明責任を強化し，彼らの議決権行使の方針が確実に実行されることに資するとしています。指針5-5は，スチュワードシップ・コードの適用対象を拡大し，議決権行使助言会社を含めています。改訂版は機関投資家から委託を受けた助言会社に一定の責任を課していますが，その他のサービスプロバイダーにも必要に応じ同じく本コードの適用を拡張するべきでしょう。

５）運用機関の自己評価

指針7-4に関して，金融庁は，運用機関が本コードの実施状況を定期的に自己評価し，その結果を公表することを求めています。

7　2017年版から2020年版への再改訂

⑴　2020年の再改訂の主な変更点

2017年改訂から３年が経過し再改訂となりました。この再改訂版は，2017年の改訂を踏まえ，フォローアップ会議の意見書においてスチュワードシップ・コードの次回改訂を見据えた当面の課題として挙げられた事項や，イギリスのスチュワードシップ・コードの改訂を踏まえ金融庁のスチュワードシップ・コードに関する有識者検討会で議論された内容を取りまとめたものです。2020年の改訂点を整理すると次のようになります。

１）サステナビリティーの考慮

前述したように，冒頭のスチュワードシップ責任の定義にESGを加えて再定義し，これを受けて原則，指針に改訂を加えました。さらに「目的を持った対話」（エンゲージメント）を行い（指針1-1），「対話やスチュワードシップ活動に伴う判断を適切に行うための実力を備える」ことやそのための「必要な体制の整備」（原則７，指針7-1）にも，「運用戦略に応じたサステナビリティの考慮」をすべきことを明記しています。さらに「スチュワードシップ責任を果たすための方針」（原則１）において，「運用戦略に応じて，サステナビリティに関する課題をどのように考慮するか」について明確に示すよう求めています（指針1-2）。

２）運用機関による建設的な対話の促進に向けた情報提供の拡充

指針5-3に，「特に，外観的に利益相反が疑われる議案や議決権行使の方針に照らして説明を要する判断を行った議案等，投資先企業との建設的な対話に資する観点から重要と判断される議案については，賛否を問わず，その理由を公表すべきである」という記載が追加され，議決権行使の理由の公表がcomply or explain

原則の対象となりました。また，指針7-4では，運用機関において定期的に行われる自己評価の結果の公表に合わせ，投資先企業との対話を含むスチュワードシップ活動の結果も公表することを求めています。

3）企業年金等アセットオーナーによるスチュワードシップ活動の明確化

2017年改訂に引き続き，アセットオーナーによる本コード受け入れを後押しするための改訂が行われました。アセットオーナーによる各種のスチュワードシップ活動は，「自らの規模や能力等」に応じて行えば足ります（指針1-3～1-5）。すなわち，運用機関のスチュワードシップ活動のモニタリングについて，「運用機関が投資先企業との間で建設的な対話を含む実効的なスチュワードシップ活動を行っているかを確認すること」が重要であり，「個別の詳細な指示を行うことまでを求めるものではない」（脚注12参照）として過度な負担を求めないことを示しました。

4）機関投資家向けサービス提供者に対する規律の整備

新たに「機関投資家向けサービス提供者」という主体が定義され（前文「本コードの目的」9），これについて，新たに原則8および指針8-1～8-3が設けられました。主に，議決権行使助言会社，年金運用コンサルタントを念頭に置いています。

指針8-1においては，機関投資家向けサービス提供者による利益相反の管理体制の整備・公表を求めています。これは助言会社とコンサルタントに共通です。議決権行使助言会社に対し，助言の策定プロセス等に関して自らの取組みを公表すべきとしていましたが（再改訂前の指針5-5），新たな指針8-2において，透明性を図るため，日本に拠点を設置することを含め十分かつ適切な人的・

組織的体制を整備することを求めています。金融庁は日本の拠点設置にこだわりこの文言が残りました。さらに指針8-3において，議決権行使助言会社は，企業の開示情報に基づくほか，必要に応じ自ら企業と積極的に意見交換しつつ助言を行うべきであるとされました。

⑵ 改訂点とESG

2020年改訂版では，サステナビリティーに関する課題（前文冒頭，前文「本コードの目的」，原則１，原則４を参照）としてESG要素が追加されました。またスチュワードシップ責任の遂行として投資先企業の状況把握を求めていますが（原則３），把握すべき内容としてESG要因が触れられているのみです（指針3-3）。イギリス版と比較すると，①ESGを指針から原則へ格上げすること，②ESGインテグレーションを投資だけでなくスチュワードシップ活動へ拡大することが今後検討されるべきでしょう。

今回の2020年改訂版は，機関投資家の活動に大きな変更をもたらすものではないと思われますが，議決権行使の賛否理由の公表や，ESG要素を投資プロセスに組み込むESGインテグレーションがさらに進展すると見込まれます。インベストメント・チェーン全体の機能向上という点も踏まえ，スチュワードシップ・コード受け入れ機関が，全体として企業価値向上・企業の持続的成長と，顧客・受益者の中長期的な投資リターンの拡大というスチュワードシップ・コードの目的をあらためて意識し，企業との建設的な対話に関して役割を果たすことが期待されます。

⑶　集団的エンゲージメント

2020年改訂後のスチュワードシップ・コードでは，「集団的エンゲージメント」という文言が「協働エンゲージメント」に変更されています（指針4-5）。ただし，指針の内容自体には変更は加えられていません。イギリスの2020年版スチュワードシップ・コード原則10において，従来の“collective engagement”から“collaborative engagement”に用語の変更が行われたことに伴うものと説明されています（パブコメ回答）。ところでイギリスのコード原則10は「署名機関は，必要に応じて発行体企業に影響を与えるために，協働的なエンゲージメントに参加する」と規定しています。しかも，「期待される報告事項」として，署名機関は，いかなる協働的エンゲージメントに参加したのか，またその理由を，自身が直接行ったものと他者が代理で行ったものとを含めて公表すべきこと，また協働的なエンゲージメントの結果を説明すべきことを求められています。

これに対し，わが国スチュワードシップ・コード指針4-5は「機関投資家が投資先企業との間で対話を行うに当たっては，単独でこうした対話を行うほか，必要に応じ，他の機関投資家と協働して対話を行うこと（協働エンゲージメント）が有益な場合もあり得る」と規定するに止めています。イギリス2012年版コードの原則５（集団的エンゲージメント）と同じ内容がわが国2020年改訂版コードには導入されることを多くが想像していました。しかし，そうはなりませんでした。機関投資家が他の機関投資家と協力し株主の権利を行使する上で行動を共にすることは，日本におけるこれまでの企業活動の慣行とは相容れないため，ビジネス界からは疑問が出ていました。日本では，機関投資家は，投資先企業とは具体的な問題ではなく議決権行使の一般的な方針について意見交換することが多いと

図表5-4　日本とイギリスのスチュワードシップ・コード比較

イギリス（2012）	日本（2014, 2020）
1．機関投資家は，スチュワードシップ責任をどのように果たすかについての方針を公に開示すべきである。 ⟷	1．機関投資家は，スチュワードシップ責任を果たすための明確な方針を策定し，これを公表すべきである。
2．機関投資家は，スチュワードシップに関連する利益相反の管理について，堅固な方針を策定して公表すべきである。 ⟷	2．機関投資家は，スチュワードシップ責任を果たす上で管理すべき利益相反について，明確な方針を策定し，これを公表すべきである。
3．機関投資家は，投資先企業をモニタリングすべきである。 ⟷	3．機関投資家は，投資先企業の持続的成長に向けてスチュワードシップ責任を適切に果たすため，当該企業の状況を的確に把握すべきである。
4．機関投資家は，スチュワードシップ活動を強化するタイミングと方法について，明確なガイドラインを持つべきである。	4．機関投資家は，投資先企業との建設的な「目的を持った対話」を通じて，投資先企業と認識の共有を図るとともに，問題の完全に努めるべきである。
5．機関投資家は，適切な場合には，他の投資家と協調して行動すべきである。	5．機関投資家は，議決権の行使と行使結果の公表について明確な方針を持つとともに，議決権行使の方針については，単に形式的な判断基準にとどまるのではなく，投資先企業の持続的成長に資するものとなるよう工夫すべきである。
6．機関投資家は，議決権行使および議決権行使結果の公表について，明確な方針を持つべきである。	6．機関投資家は，議決権の行使も含め，スチュワードシップ責任をどのように果たしているのかについて，原則として，顧客・受益者に対して定期的に報告を行うべきである。
7．機関投資家は，スチュワードシップ活動および議決権行使活動について，委託者に対して定期的に報告すべきである。	7．機関投資家は，投資先企業の持続的成長に資するよう，投資先企業やその事業環境等に関する深い理解のほか運用戦略に応じたサステナビリティの考慮に基づき，当該企業との対話やスチュワードシップ活動に伴う判断を適切に行うための実力を備えるべきである。
	8．機関投資家向けサービス提供者は，機関投資家がスチュワードシップ責任を果たすに当たり，適切にサービスを提供し，インベストメント・チェーン全体の機能向上に資するものとなるよう努めるべきである。

（注）・「⟷」は対応する項目を示す。
・日本版については，下線部分は2020年版で追加された箇所を示す。
・イギリス版は，対比のためcomply or explainルールを採用していた2012年版に拠る。
出所：筆者作成

いわれます。さらに，投資先企業との信頼と機密保持の必要性を考慮して，個々の投資先企業に対し行動を起こす際に他の投資家と協働することは実際には行われていません。こうした状況を踏まえると，集団的エンゲージメントの規定を突然導入するべきか，導入されても実際にどのように実現されるべきかは難しい問題であります。さらに，機関投資家が積極的に活動しない傾向は，その本来的なパッシブ性（特にインデックスファンド）と市場の株主構造にも大きく関係しています。

その他の日英のスチュワードシップ・コードの比較は**図表5-4**をご参照ください。

⑷ 集団的エンゲージメントを阻害する法規制

わが国の法規制には，投資家による投資先企業への積極的なモニタリングや関与を抑止し，また集団的エンゲージメントを阻害する可能性があるものがあります。まずエンゲージメントが投資先企業への「提案」（金融商品取引法施行令第14条の８の２第１項各号）にあたるとして，「大量保有報告制度」における「特例報告制度」の適用を受けられなくなる恐れがあります。また，機関投資家が「他の投資家」と協調して投資先企業に対して行動を起こすと，「共同保有者」にあたるとして，大量保有報告制度（金融商品取引法第27条の23第５項・６項）や公開買付制度（27条の23）に対応する必要性が生じる危険があります。さらにインサイダー取引規制（金融商品取引法第166条，167条）により投資先企業と踏み込んだ対話ができないのではないかという危惧もあります。これらが抑止や阻害にならないよう，金融庁はそれぞれ解釈基準を出しています。

なおアメリカも似たような規制を有しております。つまり，株主は大規模な株主間のコミュニケーションを行うことにより「協調して行動（acting-in-concern）」していると判断され，またその「グループ」が合計で会社の資本５％を超えて所有する場合，必要なスケジュール13Dを提出しないと，潜在的な責任を負うことになります（15 U.S.C. § 78m(d)）。「協調行動」の規制は，複数の機関投資家が協働してエンゲージメントをする際に法的リスクとなるため，エンゲージメントを阻害する可能性が指摘されています（さらに153, 154頁参照）。

8　スチュワードシップ・コード署名者の増加

スチュワードシップ・コードの受け入れを表明した機関投資家は2014年５月で127社でした。これにはGPIFや国内大手保険会社，海外の大手年金基金も含まれていました。その後**図表５-５**にあるように署名者を増やしてきました。

スチュワードシップの有効性が実証されると，投資先企業との建

図表5-5　スチュワードシップ・コード受け入れ機関数の推移

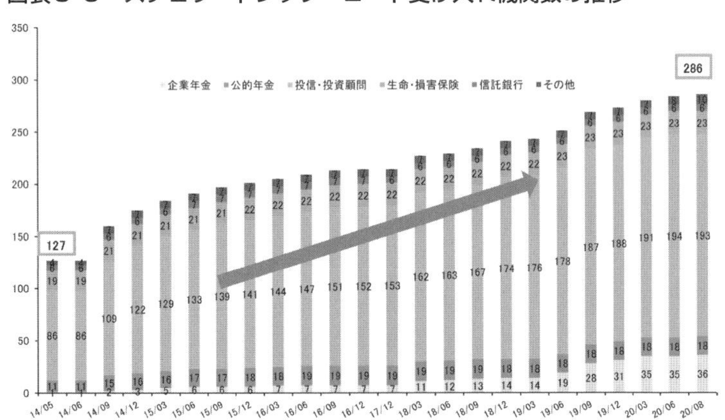

□2014年2月のスチュワードシップ・コード策定以降，受入れ機関数は継続的に増加し，286機関が受入れを表明（2020年8月31日時点）。
□2020年3月の再改訂版スチュワードシップ・コードには，既に59機関（42運用機関，17企業年金等）が対応（2020年8月31日時点）。

出所：金融庁（2020）スチュワードシップ・コード及びコーポレートガバナンス・コードのフォローアップ会議（第20回）「資料５　事務局参考資料２（コーポレートガバナンス改革のフォローアップ）」10月20日。

設的な対話は，投資先企業，株主，利害関係者，および経済全体に利益をもたらすことが期待できます。しかしながら，機関投資家のパッシブ性と株式所有構造の複雑さを考えると，実質的かつ効果的なエンゲージメントを実施し継続していくことは必ずしも容易とはいえません。

Ⅳ　企業情報の開示

1　わが国の企業情報の開示制度

法規制および上場規則に基づく企業情報の開示制度は，**図表5-6**のように企業の区分に応じて開示対象が異なっています。

これとは別に，2000年代に入ると企業の社会的責任（Corporate Social Responsibility：CSR）が注目され始め，多くの企業が「CSRレポート」を発行し始めました。現在は，サステナビリティーやESGの概念が徐々に社会に浸透してきたことを受け，「サステナビリティ・レポート」と名前を変えて，情報を開示する企業も増えてきました。CSRレポートにはGRI（Global Reporting Initiative）スタンダードやISO26000などの国際的なガイドラインや規格があります。企業活動に関係を持つあらゆるステークホルダーに対して社会的な責任を果たすべきというCSRの考え方に基づくもので，開示対象者は「あらゆるステークホルダー」といえるでしょう。逆に多くのステークホルダーは企業の財務戦略に重大な関心を必ずしも持

図表5-6　企業区分別の開示対象

	会社法	金商法	取引所規則
上場企業	事業報告 附属明細書 計算書類	有価証券報告書 内部統制報告書 四半期報告書 臨時報告書	コーポレートガバナンス報告書
非上場，しかし大規模公募実施など			
その他株式会社			

出所：筆者作成

っていません。

これに対し「統合報告書（Integrated Reporting）」があります。統合報告書で開示される情報は財務情報だけでなく，非財務情報，より正しい表現をすれば戦略に関わる非財務情報です。これらの情報を統合した報告書という意味です。統合報告書では，国際統合報告評議会（International Integrated Reporting Council：IIRC）の国際統合報告フレームワークがよく用いられています。IIRCは，統合報告書の狙いとして資本提供者への情報の質の改善，複数の報告書をまとめる効率的アプローチ，資本間の理解，統合思考という４つの目的を明記しています。統合報告書は，ステークホルダーの中でも，より株主（資本提供者）視点の価値創造プロセスをESG要素に織り交ぜてまとめたものといえるでしょう。しかし，統合報告書が決算報告書とCSRレポートとの単なる合冊になっている例があったりと，本来の統合報告書の作成目的から逸れているケースも見られます。

なお，前述のように，2018年改訂コーポレートガバナンス・コードの基本原則３の「考え方」において，「非財務情報」にESG要素に関する情報が含まれることが明確化されました。ESG情報の開示についていえば，アメリカでいわれていると同様に，自主的な開示のままでいると開示対象・内容がばらばらになり比較ができないこと，また非財務情報の正確性の担保をどう図っていくかが今後の課題となってくるでしょう。

V　GPIFについて

ここでスチュワードシップ・コードの最も忠実な実践者であり，資産総額156兆円（2018年 3 月）の世界最大の機関投資家であるGPIFのスチュワードシップ活動について触れておきます。アセットオーナーであるGPIFを例に，インベストメント・チェーンにおいてスチュワードシップがどのように機能しているのか，また機能させるべきなのかを見てみましょう。

1　年金積立金管理運用独立行政法人（GPIF）とは

GPIFは2006年 4 月に公的年金（国民年金と厚生年金からなり，共済年金を除く）の積立金を管理・運用する機関として設立されました。歴史をさかのぼると，大蔵省（現財務省）の資金運用部が年金準備金を管理していましたが，1961年に設立された特殊法人である年金福祉事業団がこの準備金を引き継ぎ，公的年金の積立金運用は財政投融資に預託していました。その後，2001年に同事業団は廃止され，年金資金運用基金へ改組され年金準備金は同基金によって管理されることになりました。2006年，年金積立金管理運用独立行政法人（Government Pension Investment Fund：GPIF）が設立されて，廃止された同基金から年金積立金の管理・運用業務を引き継ぎました。このように，GPIFは年金改革の一環として設立され，主に公的年金基金投資の運用は財務省に関連する信託からGPIFなどの新しく独立した専門的な管理に変更されました。国民が納める公的年金保険料は，厚生労働大臣の委託を受けた年金機構（2010年発足，旧社会保険庁）が徴収し，徴収した年金基金は大臣から預託されます。

2　GPIFによるスチュワードシップ・コードの受け入れ

まず，2014年にGPIFは「日本版スチュワードシップ・コードの受入れについて」と題し次のように発表しました。

「スチュワードシップ責任」とは，機関投資家が，投資先企業との建設的な「目的を持った対話」(エンゲージメント) などを通じて，当該企業の企業価値の向上や持続的成長を促すことにより，顧客・受益者の中長期的な投資リターンの拡大を図る責任であることを確認し，その上で，「企業価値の向上や持続的成長を促すことで被保険者のために中長期的な投資リターンの拡大を図ることは，…国内株式を長期保有している管理運用法人として重要で」あると自覚し，

図表5-7　GPIFのスチュワードシップ・コード実践

〈アセットオーナー〉
GPIF

- 投資原則
- スチュワードシップ責任を果たすための方針

原則の遵守を求める

〈アセットマネージャー〉
運用受託機関

- スチュワードシップ活動原則
- 議決権行使原則

出所：筆者作成

図表5-8　GPIFのインベストメント・チェーン

出所：GPIF（2020）「2019/20年　スチュワードシップ活動報告」。

さらにスチュワードシップ・コードを受け入れることにより，「できるものは自ら実施し，また運用受託機関が行うものはその実施状況を把握し，併せて，各年度の実施状況の概要を公表することを通じて，当該スチュワードシップ責任を果た」す。

これを実践するため，GPIFは，スチュワードシップ活動の基盤として，「投資原則」，「スチュワードシップ責任を果たすための方針」，「スチュワードシップ活動原則」および「議決権行使原則」の４つ原則を策定しています。つまり，GPIFは，「投資原則」と「スチュワードシップ責任を果たすための方針」に基づいて，自らアセットオーナーとしてのスチュワードシップ責任を果たし，他方で運用受託機関に「スチュワードシップ活動原則」と「議決権行使原則」の遵守を求めています。このように，GPIFは自らをスチュワードシップ・コードの誠実な実践者と見なしています。

以下の説明を読むときには**図表５-７，５-８**を参照いただくと，GPIFのインベストメント・チェーンにつきよりよく理解できると思われます。

3　GPIFの投資原則

GPIFの使命は，アセットオーナーとして，政府の財政予測に従って厳格な年金財政を確保するために必要な運用収益を得ることにより，公的年金プログラムの運営の安定化に貢献することです。つまり，GPIFの最も重大なリスクは，この必要な運用収益を長期間にわたって獲得できないことです。GPIFは2015年３月「投資原則」を採用し，投資に対する基本的なアプローチを次のような４つの基本原則に従って行うと宣言しました。その後，2017年，2020年に改訂がなされています（下線部分は改訂により加わった記述です）。

1．年金事業の運営の安定に資するよう，専ら被保険者の利益のため，長期的な観点から，年金財政上必要な利回りを最低限のリスクで確保することを目標とする。
2．資産，地域，時間等を分散して投資することを基本とし，短期的には市場価格の変動等はあるものの，長い投資期間を活かして，より安定的に，より効率的に収益を獲得し，併せて，年金給付に必要な流動性を確保する。
3．基本ポートフォリオを策定し，資産全体，各資産クラス，各運用受託機関等のそれぞれの段階でリスク管理を行うとともに，パッシブ運用とアクティブ運用を併用し，ベンチマーク収益率（市場平均収益率）を確保しつつ，収益を生み出す投資機会の発掘に努める。
4. 投資先および市場全体の持続的成長が，運用資産の長期的な投資収益の拡大に必要であるとの考え方を踏まえ，被保険者の利益のために長期的な収益を確保する観点から，財務的な要素に加えて，非財務的要素であるESG（環境・社会・ガバナンス）を考慮した投資を推進する。
5. 長期的な投資収益の拡大を図る観点から，投資先および市場全体の長期志向と持続的成長を促す，スチュワードシップ責任を果たすような様々な活動（ESGを考慮した取組を含む。）を進める。

4 GPIFのPRI署名とESG活動

2015年９月，GPIFは国連の責任投資原則（PRI）の署名者となり，ESGの課題に関するGPIFの姿勢を表明しました。PRI第４原則は，「投資業界内での原則の受け入れと実施を促進する」と規定しています。

この原則に関するGPIFの計画では，「GPIFは外部の資産運用会社にPRIの署名者であるかどうかを尋ね」，「GPIFは署名者にESG活動の報告を求め，非署名者には署名しない理由を尋ねる」こととしています。実際に，GPIFは，企業がスチュワードシップ活動に関する対応状況について国内株式投資を外部委託しているすべての投資管理機関（投資の再委託業者を含む）にインタビューを実施しました。2019年９月の時点で，PRIには77名の署名者があり，そのうち45名は投資運用会社，20名は資産運用会社，12名はサービスプロバイダーであります。PRIが発表された2006年には，資産運用会社の署名者は５名にすぎませんでしたが，その後は毎年１～４名の署名があり，2016年からは毎年５～８名増加しました。この状況は，明らかに2015年９月のGPIFによるPRI署名の影響を受けたものです。

さらに，下記のように「スチュワードシップ活動原則」の第４原則で，運用受託機関は，責任投資原則（PRI）に署名し，ESG課題に取り組むものとし，ESGの重要な問題について投資先企業に積極的にエンゲージメントを行うことが求められています。このようにPRI署名を重視しています。

5　GPIFのスチュワードシップ活動原則

GPIFは，2017年６月に「スチュワードシップ活動原則」を制定し2020年に改訂がなされました。GPIFは，国内および海外の株式投資のために，外部の資産運用会社に「スチュワードシップ活動原則」を遵守することを要求しており，資産運用会社には「comply or explain」原則が適用されます。GPIFは，また自身のスチュワードシップ責任を果たすために，議決権の行使などの資産運用会社のスチュワードシップ活動を継続的にモニターし，積極的に対話を実施することが求められます。GPIFのスチュワードシップ活動原則は，次の5つの原則をカバーしています。

(1) 運用受託機関のコーポレートガバナンス体制

運用受託機関は，日本のスチュワードシップ・コードを受け入れ，強力なコーポレートガバナンス体制を整備しなければならない。特に，運用受託機関は，独立性と透明性を高めるため，独立性の高い社外取締役を選任するなどの監督体制を整備する必要がある。

(2) 運用受託機関における利益相反の管理

運用受託機関は，①利益相反を適切に管理して，受益者の利益を優先して活動を行うこと，②利益相反の種類を類型化し，管理方針を作成して公開すること，③独立性の高い第三者委員会を設置するなど利益相反を防止する体制を構築し公表することが求められる。

(3) エンゲージメントを含むスチュワードシップ活動方針

運用受託機関は，エンゲージメントを含むスチュワードシップ活動方針を作成し，公表しなければならない。運用受託機関は長期主義の視点からリスク調整後のリターン向上に資することを重視するべきである。投資先企業にエンゲージする際には，非財務情報（コーポレートガバナンス報告書および統合レポートを含む）を活用する必要がある。特にパッシブ運用の運用受託機関は，市場全体の持続的成長を目指す観点から，エンゲージメント戦略を立案し実践することが求められる。

⑷ 投資におけるESGの考慮

投資においてESGを考慮することは，企業価値の向上や投資先，ひいては市場全体の持続的成長に資することから，運用受託機関は責任投資原則（PRI）に署名しESG課題に取り組むものとし，ESGのさまざまなイニシアティブに積極的に関わることが求められる。

⑸ 議決権行使

運用受託機関は，受託者責任の観点から，専ら受益者の利益のために，「議決権行使原則」に従って議決権を行使する必要がある。議決権行使助言会社を使用する場合，運用受託機関は，助言会社の採用の前後を問わず，継続的にモニターおよび評価し，必要に応じて助言会社とエンゲージする必要がある。

今後の課題となり得るのは，有力な運用受託機関の多くがパッシブ運用であることを考えれば，投資先企業とのエンゲージメントをどのように促すかという点，またESG要素を考慮することは必ず「企業価値の向上や投資先，ひいては市場全体の持続的成長に資する」ことになるのかにつき十分な論証があるのか，またどのように考慮すれば持続的成長に資することになるのかという点につき議論を深めなければならないでしょう。

6 スチュワードシップ責任を果たすための方針

GPIFは2014年５月に同方針を制定し，2020年の最新版を含め４回の改訂を行いました。この方針は，「基本方針」と「(スチュワードシップ・) コードの各原則への対応」で構成されています。

GPIFは，資金規模が大きく，資本市場全体に幅広く分散して投資する「ユニバーサル・オーナー」であり，100年を視野に入れた年金財政の一翼を担う「超長期投資家」でもあります（「基本原則」(1)の冒頭）。このような特徴を考えると，市場全体の持続的で安定した成長はGPIFが長期的な投資収益を確保するために不可欠です。運用受託機関と投資先企業とのエンゲージメントによって中長期的な企業価値が向上し，経済全体の成長につながれば，GPIFの投資リターンが改善されることが期待されるでしょう。これはひいては被保険者のために中長期的な投資リターンの拡大を図り，年金制度の運営の安定に貢献することにつながります。GPIFは，①スチュワードシップ・コードにおける「アセットオーナー」として，自ら実施すべきものは自ら取り組み，また②運用受託機関が実施する取組みについてはその実施状況をモニタリングし，運用受託機関とエンゲージメントを行い，各年度の活動状況の概要を公表して，スチュワードシップ責任を果たすことを求められています。

7　GPIFの議決権行使原則

GPIFは，2017年6月に議決権行使原則を制定しました（2020年改訂）。まず，株主総会で議決権を行使する際に，GPIFは運用受託会社に次の行為を求めています。

- 株主の長期的な利益を最大化するため議決権行使方針とガイドラインを作成し，判断の根拠が明確になるよう公表すること。
- 中長期的に投資先企業の企業価値を高めることを目的として議決権を行使する場合は，ESGの問題を慎重に検討すること。
- 少数株主の権利に十分配慮して議決権を行使すること。
- 運用受託会社が議決権を行使するために助言会社を使用する場合，助言会社の推奨に機械的に従うのではなく，運用受託会社の責任により受益者の利益のために議決権を行使すること。

また，株主総会後においては，GPIFは運用受託会社に次のように求めています。

- 運用受託会社は，各投資先企業および議案ごとのすべての議決権行使結果を公表すること。重要性・必要性に応じてその判断理由を公表すること。
- 行使結果につき自己評価し，その自己評価を踏まえ行使方針を見直すこと。

もちろんこの原則は，スチュワードシップ・コードの議決権行使結果の公表の充実等を踏まえたものです。

8 GPIFのスチュワードシップ活動から見える課題

GPIFは毎年活動報告書を発行していますが，アセットオーナーとしてインベストメント・チェーンにおいて立ち向かうべき課題と問題点を指摘しており興味深い内容です。たとえばGPIFは，パッシブ運用は市場の底上げに資するか，アクティブ運用は投資先企業の長期的な株主価値の増大に資するかというように異なる投資戦略に対し異なる尺度から評価したりしています。

2017年改訂版スチュワードシップ・コードにおいても，パッシブ運用における対話の重要性が明示されました。GPIFの「スチュワードシップ責任に係る取組」の評価によると，その株式運用の約90％はパッシブ運用されています。具体的には，2018年末現在，GPIFが保有する時価総額は合計38.66兆円（国内株式のみ），そのうちアクティブ運用は3.6兆円（9.4％），パッシブ運用は35.15兆円（90.6％）です。GPIFは，パッシブ運用については，中長期的な観点から投資先企業の企業価値の向上や持続的成長を促すためのエンゲージメント活動に取り組むことにより，市場全体の中長期的な成長に資すると考えています。とはいっても，パッシブ運用については，コスト面から投資先企業とのエンゲージメントを十分に行うことを期待するのは困難であり，GPIFが（間接的に）投資先企業のガバナンスに影響を与えることは容易ではないと懸念されます。GPIFはこの問題点を認識しています。

これに関連してもう１つ課題が生じています。GPIFはパッシブ運用に大きく依存しているため，指数（インデックス）会社はGPIFの運用成果に極めて大きな影響を与えることになります。また，その他投資家においてもパッシブ運用のウェイトが高まっており，「指数」および「指数会社」の資本市場への実質的な影響力は一般的に強まっています。そこでGPIFでは，採用銘柄の選定や評価における中立性や透明性を担保する上で，指数会社のガバナンスは極めて重要と考え，指数会社に対するエンゲージメントを強化することを示唆しています。パッシブ運用の比重が高まれば外部のサービスプロバイダーへの依存度が高まるので，プロバイダーのガバナンスを注視すべきというのは当然の流れです。

GPIFは活動報告書で，パッシブ運用の受託機関において，スチュワードシップ活動を統括する専門部署や委員会の強化が進んでおり，通年でのスチュワードシップ活動への取組み，組織だった活動

図表5-9　GPIF運用グラフ

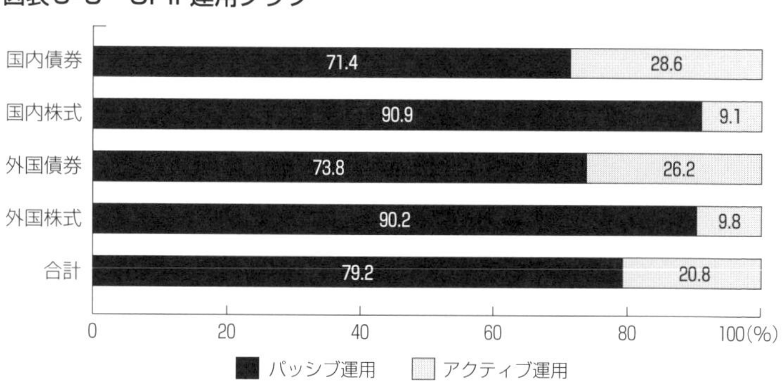

出所：GPIFウェブサイト「管理・運用状況」（https://www.gpif.go.jp/operation/）

を深化するための取組みが見られると評価しています。またESG課題への取組みについて，アンケートでは国内および外国株式運用受託機関の全社がこれを行っていると回答しています。さらに，統合報告書についても言及しています。統合報告書はコーポレートガバナンス報告書とともにエンゲージメント活動やESG課題への取組みにつき重要なツールですが，活用度合いに差があると指摘し改善を求めています。

GPIFの今後の取組みで特徴的なところは，「新しいパッシブ運用」のビジネスモデルに対応した評価方法や手数料体系を検討し，ESGインテグレーションを含む運用手法の可能性を追求していることです。この点は今後も形を変えてGPIF，いや機関投資家全体の今後の課題となっていくでしょう。いずれにしても，議決権行使助言会社や指数会社（格付け会社）を含むパッシブ運用ファンドに関連する問題はインベストメント・チェーンが内包する課題であり，個々の運用受託機関の努力だけではいかんともしがたい面があります。これらは世界有数のアセットオーナーであるGPIFの活動により，さらにはスチュワードシップ・コードにより解決すべき課題かもしれません。その点でGPIFの課題の選択は適切といえるでしょう。

9　GPIFの議決権行使の影響

GPIFは，資金規模が大きく市場全体に広く分散投資する「ユニバーサル・オーナー」であり，運用受託機関にスチュワードシップ・コードの受け入れを求めています。また前述の「議決権行使原則」にあるように，GPIFは，運用受託会社が長期的な株主利益を実現し，スチュワードシップ責任を実行するために議決権を行使することを求めています。GPIFは，個々の投資先会社に多数の議決権を保持していますが，100年を視野に入れた「超長期投資家」であるため株式市場への影響は潜在的かつ限定的であり，保有株式の開示による市場への影響は確認されていないとのことです。GPIFは，議決権を直接行使して，投資先企業の経営に直接影響するという懸念を引き起こさないようにしています。

運用受託機関による議決権行使の状況報告（2018年４月～６月期）によれば，会社提案の議案に投じられた議決権の約10％が反対票であり，内訳では，特に役員の退職金慰労金贈呈の議案の58％に反対し，ポイズン・ピル（事前警告タイプ）の議案の91％に反対しました。経年的に見れば，2014年（GPIFがスチュワードシップ・コードを受け入れた年）から2018年までの期間中，9.5％から10.3％の間で会社提案の議案に反対しています。このことは，経営陣に対しある程度の反対票が投じられたこと，GPIFが委託した運用受託機関が無批判に賛成票を投じたわけではないことを示していると考えられます。議決権の行使と投資先企業とのエンゲージメントは，GPIFから委託された運用受託機関によって行われますが，GPIFは，基本原則を策定しこれに基づき運用受託機関が適切に議決権行使やエンゲージメント等を行っているかを監視することにより，運用受託機関の議決権行使に間接的に影響を与えています。

第6章

会社法の論点とガバナンス・モデル

I　会社法の論点

ここでは，ESG経営を巡って，株主利益最大化モデルの根拠，経営判断原則はどのように働くのか，企業の外部性の内部化が不可避であること，企業は市場価値の最大化ではなく株主厚生の最大化を目指すべきではないか，株主主権モデルか取締役主権モデルかステークホルダーモデルか，よりよいガバナンス・モデルの探究，という論点を順次検討することによって，結論に近づきたいと思います。

1　アメリカの企業理論

アメリカでは，EasterbrookとFischelが，経済学から企業理論（theory of the firm）を展開し，現在の会社法理論に至っています。まず，企業は多様なステークホルダー（株主，債権者，従業員，取引先，コミュニティ，規制当局など）との「契約の束」（nexus of contracts）で構成されていると捉えます。株主以外のステークホルダー（会社債権者や従業員等）は契約（完備契約。すべての条件が書き込まれた契約）で守られているのに対し，株主はそうではありません（不完備契約）。株主は会社債務をすべて弁済した後の残余（剰余）財産の請求権者（residual claimant）にすぎないとされ

図表6-1　企業とは契約の束

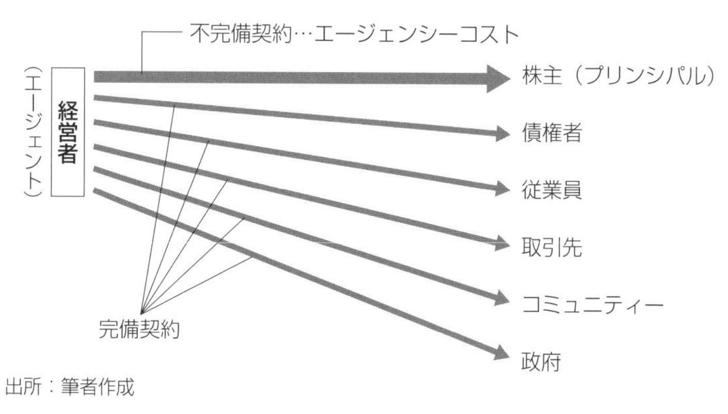

出所：筆者作成

ます。よって株主こそが会社価値の向上に対し最も関心があり，会社利益拡大のインセンティブを有しています。このように株主利益最大化を図ることは会社価値最大化を図ることとイコールになると考えます。また，不完備契約の下の株主には事後的な交渉，すなわち事後的なコントロール権（残余財産コントロール権）を与えるべきだということになります。こうしたことから，会社は株主利益の最大化のために経営され，株主にエージェントの選出・監視を委ねることが効率的であるとなります。したがって，会社法制としては，契約の自由こそが効率性をもたらすものであり，ステークホルダー間の利害対立の調整は，強行法規によってではなく，むしろ，株主自治や自由な契約を通じて利害調整していくほうがより効率的で望ましいと考えます。以上の思考プロセスからわかるように，法と経済学の問題意識は，個々の契約の（事前・事後の）交渉，契約の締結および履行の具体的なプロセス，すなわち市場メカニズムに向けられています。また，会社法の目的，あるいは会社法の追求すべき価値規範は，会社関係者間の「取引費用」を節約し，「富の最大化」を達成しやすい法的枠組みを提供することによって効率性を促進することにあると考えます。効率性という価値規範を達成するには交渉プロセスを基本的に市場メカニズムに委ねるべきだということになり，したがって会社法規は原則として任意法規によって構成されるべきだということになります。以上の株主利益最大化モデルは，現行法体系に合致していること（剰余金・残余財産請求権や取締役選解任権の帰属，また責任追及訴訟の提訴権者はすべて株主である），株主利益の最大化は資本市場が企業を評価する基準でもありマーケット・メカニズムが機能するための前提条件となることなども理由とされてきました。このように会社法学に不完備契約やエージェンシー・コスト（本書16頁参照）等の考え方を持ち込み意識させたことが経済理論の最大の功績といえるでしょう。また，株主利益最大化モデルは，株主主権（shareholder primacy）モデルの根拠になってきたことも容易に理解できるところです。

2　アメリカの株主利益最大化義務

Dodge v. Ford Motor Company事件170 N. W. 668（Mich. 1919）は株主利益最大化義務を認めた判決として最も頻繁に引用されています。Dodge兄弟はFord Motorの10％株主でしたが，収益力が非常に高い同社に対し多額の配当金の支払を求めました。Ford取締役会は抵抗し，ヘンリー・フォードの精神に基づき，株主配当をやめて，設備投資を行い，従業員の給与をアップし雇用を創出し，フォード車の価格を下げて顧客利益を高めることを訴えました。ミシガン州最高裁判所は以下のように判示しました。「事業会社は主として株主利益のため設立し経営される。取締役の権限はこの目的のため行使される。その目的達成のため手段の選択において取締役の裁量権は行使されるが，その目的自体を変更したり，利益を削減したり，利益を他の目的に用いるため株主間で利益を分配しなかったりすることまではできない。」結論として，株主利益を重視しさらなる利益配当を実施すべきと判示しました。ただし取締役に株主利益最大化という唯一の義務を課すものではなく，むしろ最高裁は，株主利益は最重視すべきであるがそれは経営者の唯一の目標ではなく，Fordの事業拡大の意思決定は主に人道的動機から生まれたものとも認定しました。すなわち最高裁は，メーカーが主たる事業として人道主義的事業に従事することは許されないが，営利企業だからといって，付随的に人道主義的事業を行う黙示の権限が阻害されることはないと述べたのです。

その後株主利益最大化義務は，Shlensky v. Wrigley事件237 N.E.2d 776（1968）などで判断を受けることとなりました。この事件では，シカゴ・カブスの取締役や80％の株式を保有するWrigley氏が，ホーム球場であるWrigley Field球場へのナイター照明の設置を拒み，これが会社に対する信認義務の違反として訴えられました。原告は，Wrigley氏が，ナイター照明を導入して会社の経済的利益を拡大することには興味がなく，野球は昼間のスポーツであり，照明を導入してナイターを行うことは近隣に迷惑がかかるという持論に固執して導入を拒否していると主張しました。イリノイ州高等裁判所は，Wrigley氏の行為は会社利益でなく公共の利益への関心によって動機付けられたものだが，それは違法行為とは関係はなく，また，裁判所はデイゲームを継続することが会社の経済的利益を最大化するか否かの最終判断は裁判所の職責を超えるとして判断を差し控えるべきと述べています。この強調部分が重要です。裁判所はどのように会社利益を最大化するかについての経営判断に介入しないと述べていますが，この点につき少し敷衍します。

3　経営判断原則はどのように働くか

今後の議論の前提として，経営判断原則について少し話をします。経営判断原則（Business Judgment Rule）は，会社法上非常に重要な規範です。わが国の「経営判断原則」は以下のように説明されています。経営はリスクを伴うものであるから，経営判断の結果として会社に損害が生じたということをもって取締役に義務違反を認めるとすれば経営は萎縮し最終的には会社にとってマイナスとなります。したがって経営判断には取締役に広い裁量が認められるべきであります。経営判断の過程と判断の内容にそれぞれ著しく不合理な点がない限り，取締役は善管注意義務の違反に問われません。すなわち裁判所はそれ以上事後的評価をしないという規範であり，これを経営判断原則といいます。著しく不合理か否かは，経営判断当時の通常の経営者が有すべき経験知識および能力を基準に判断します。

4　アメリカ法のBusiness Judgment Rule

本家のアメリカのデラウェア州会社法の判例理論ではどのように考えられているのでしょうか。企業意思の決定の文脈では，経営判断原則はduty of care（わが国会社法では善管注意義務に相当します）の問題として機能します。そして経営判断原則とは“役員や取締役が，その権限の範囲内で，合理的な根拠がある判断に到達した場合で，かつ，自己の独立した裁量と判断の結果として誠実に行動し企業に最善の利益であると誠実に信じてその判断をした場合，裁判所はその役員や取締役の判断を事後的に評価（second guess）することはしない”ことと理解されています。経営判断原則は，経営上の判断を行う際に，取締役が十分な情報に基づいて誠実に行動した場合，とられた措置が会社の最善の利益になるとの推定に基づいています。この推定を覆すためには，原告は，取締役の判断の内容，または取締役が判断に到達するためのプロセスのいずれかに異議を申し立てることができます。原告（責任追及者）がこの推定に反論できる場合を除き，取締役らの判断は裁判所によって尊重されます。

アメリカの経営判断原則は，判断のプロセスと内容を対象としていることを含め，日本の経営判断原則とほぼ同様です。なお，アメリカでは，裁判所は，取締役が決定を行う際に使用したプロセスと手続のみをレビューする（つまり内容はレビューしない）といわれることがあります。アメリカの経営判断原則は“process due care”を要件とするといわれる点です。しかし，裁判所の意見の中には，取締役の決定の内容のレビューを許可しているものもあります（In re The Walt Disney Co. Derivative Litig., 906 A.2d 27, 74 (Del. 2006）など)。すなわち，裁判所が内容の「合理性（rationality)」や「非合理性（irrationality)」について取締役の決定を検討する可能性があります。したがって，アメリカでも経営判断原則は上記のように判断のプロセスと内容の両方に及ぶと考えてよいでしょう。

5　公共の利益の名目で会社利益を犠牲にできるか

Elhauge（Harvard）は「公共の利益のための会社利益の犠牲」と題する論文（2005年）で，取締役が会社（株主）に対し信認義務を負うことを前提にしつつ，通説のいう株主利益最大化義務論を否定し，取締役は会社利益を犠牲にする裁量権を有するべきと論じています[5]。会社法では「公共の利益」という言葉自体あまり使いませんし，少しショッキングな題名ですが会社法理論からよく考えると納得ができます。

まず，Elhaugeは，以下のような事例を提示します。森林皆伐は利益を生み出し合法な行為ですが，環境面では無責任な行為と見なされています。伐採会社の経営において，利益を犠牲にしてでも所有する森林の皆伐を控えることは可能でしょうか。環境責任を全うすることは長期的には利益が大きい，将来の収穫のために森林保全になる，あるいは公衆から良好な評価を維持できるとの皆伐反対の意見が考えられます。しかし，森林皆伐をしないことにより得られ

5　Einer Elhauge, Sacrificing Corporate Profits in the Public Interest, 80 N.Y.U. L. Rev. 733 (2005). 拙書「企業の社会的責任（CSR）の法的位置づけ」『企業責任と法』9-43（文眞堂，2015)。

る将来利得の現在価値（“present value”）が，現在森林皆伐をすることにより得られる巨額な利得を上回るとは思えない，というファイナンス理論からの疑問を提起します。

結論としてElhaugeはCSRにつき以下のように論じています。取締役は公共の利益のため会社利益を犠牲にする（profit-sacrificing）裁量権を有しており，この利益犠牲の裁量権は経営判断原則との関連で認められている。公共の利益のため会社利益を犠牲にする経営上の裁量権は望ましく効率的である。なぜならこれによって株主厚生（shareholder welfare）が最大化するからである，と。したがって，彼の立場からすれば，一定程度のCSRの実行は望ましく効率的であるということになります。この裁量権をどのように行使すべきかですが，それは社会的・道義的規範に従って合理的に行使せよと述べています。それが株主厚生の最適化を生むことになります。

最近Oliver Hart & Luigi Zingales（Hartはノーベル賞学者，ZingalesはChicago大教授）は，「企業は市場価値ではなく株主厚生を最大化すべきである」との論文（2017年）[6]を公表し，株主厚生の最大化は市場価値の最大化と同じではない，企業は市場価値でなく株主厚生を最大化すべきであると主張しました。この論文は企業の目的について議論しています。両氏はまず，フリードマン（Milton Friedman）の1970年の有名なNew York Times Magazineの論文「企業の社会的責任は利益を向上させることである」に言及して批判し，企業の目的は株主厚生の最大化であるべきで，それを市場価値で捉えるのは狭すぎると主張しています。Elhaugeの文脈と近いものがあります。

6 Oliver D. Hart and Luigi Zingales, Companies Should Maximize Shareholder Welfarc Not Market Value (2017).

6 公共の利益と経営判断原則との関係

もう少しElhaugeの主張を見てみましょう。経営者は，会社法の下で公益のために会社利益を犠牲にする裁量権を持つ必要があります。まずElhaugeは「公共の利益」の用語を経営者以外の非株主の利益を示すものとして使っています。Elhaugeの主張は次のように要約できます。第1に，公益のために会社利益を犠牲にする広範な経営上の裁量権は，経営判断原則の避けられない結果として存在する。この「潜在的な」裁量権は，経営判断原則を排除することなしに排除することはできない。次に会社法は，経営者に経営判断原則が適用されない場合でも，公共の利益のために合理的な範囲で利益を犠牲にすることを明示的に認めている。この「明示の」裁量権がないと，社会的・道徳的規範を企業行動の規制手段として利用できず，これに代わる規制手段は効果が低くなるか，コストが高くなる可能性がある。また，この「明示の」利益犠牲は，経営者がほとんどの株主の選好を忠実に実践する限り，株主厚生の最大化と一致する。「少なくともある程度，株主は企業活動の非財務的側面，たとえばそれらの活動が株主の社会的・道徳的見解を促進するかどうかを評価する。したがって，株主利益の最大化は株主厚生の最大化と同じではない」。

Elhaugeの論稿の特色は，経営者・取締役が法的・経済的制裁に加え社会的・道義的制裁にさらされていることを議論の出発点としつつも，株主利益・株主厚生の観点から論じていることです。またElhaugeは主として経営者・取締役の経営行動の問題として議論している点がHart & Zingalesとは異なる点です。なお，Elhaugeが主張する会社利益を犠牲にする裁量権と経営判断原則との関係性については若干の批判もありますが，両者の関係を解明し利益犠牲の裁量権を排除することはできないことを明らかにした点において積極的な評価を与えることができるのではないかと思います。

7　企業の外部性の内部化が不可避であること，市場価値の最大化ではなく株主厚生最大化を目指すべきであること

企業における営利活動と社会的・倫理的活動とを分離する必要があるという見解があります。公開企業は営利活動に集中し，社会的・倫理的課題は個人や政府に任せる（外部性を処理させる）べきであるというフリードマンの見解です。すなわち，企業による株主利益の追求は環境汚染等の外部不経済をもたらす可能性があるかもしれないがそれは「ゲームのルール」を設定する政府の役割だと述べます。Hart & Zingalesは前述の論文でこの見解には賛成しないと述べています。彼らは，このフリードマンの言葉が正しいのは，企業の営利活動と損害を生み出す活動が完全に分離可能である場合，または政府が法律を通じて外部性（externalities）を内部化する場合に限られると主張します。これらの条件が揃わなければ株主厚生と市場価値は同じではなく，企業は後者ではなく前者を最大化する必要があると述べるのです。

会社固有のリスクは，外部化されたコストの強制的な内部化です。例を挙げます。昔は，企業は水資源を生産のため自由に使用し，汚染された水をコスト負担なしに放出してきました。汚染物質の排出に関する規制により，企業はこれらのコストの一部を内部化する必要に迫られます。システムリスクの問題の多くは，まだ内部化されていない外部コストの問題です。現在外部化されている汚染水の排出のコストは，政府の規制や課税により将来企業にとって内部化される可能性がありますが，このような内部化コストのリスクは従来

の財務指標に反映されていない可能性があります。気候変動のコストも突然内部化する可能性があります。別の例として，気候変動によって引き起こされるグローバルなサプライチェーンの混乱が挙げられます。洪水，ハリケーン，または山火事によって引き起こされた混乱は，サプライチェーンの混乱または商品価格の変動を通じてこれらのコストを急速に内部化する可能性があります。気候変動はある企業にとっては外部的なものですが，他の企業にとっては大きな財務上のリスクをもたらし，内部化されることとなります。

Hart & Zingalesは，このように実社会では企業にとって社会的・倫理的要因と営利性とは分離不可能であると結論します。2019年8月テキサス州のウォルマートの店舗での銃乱射で22人が死亡するショッキングな事件が発生しました。その後ウォルマートは拳銃と殺傷性の高い銃器の弾丸の販売中止を発表し，これに対し賛否が生じました。Hart & Zingalesは，この事案を取り上げ，株主が大量殺人を懸念している場合，企業として銃器の販売を最初から自粛・禁止するほうが，これを販売した上で収益を株主に配当し他方で銃規制にコストを費やすより，よほど効率的なのではないかと述べます。これは企業が積極的に外部コストを内部化する例です。

8　日米の会社法の考え方の違い―日本の会社法の構造

アメリカの企業理論と会社法の関係は前述しましたが，ここで日本の会社法の目的に関する考え方を紹介します。日本の伝統的な会社法理論（ドイツ法系）は株式会社を以下のように考えてきました。団体には社団と組合との２種類があります。構成員の数が多くその個性が希薄で，構成員が団体と構成員の社員関係によって間接的に結合する団体が社団であり，株式会社はこの社団であります。株式会社の実質的な所有者は株主であり，所有と経営の分離による利害の衝突の場面で，経営者の逸脱行動から所有者・株主を保護することが会社法の1つの目的です。所有機関としての株主総会，経営機関としての取締役会など分化した各機関に権限を分配することにより，各機関の相互監視や利害調整が行われるようになっています（いわゆる権限分配説）。伝統的理論は，このように会社機関の分化と権限配分を中心として団体法的な理論構成を行い，所有による経営支配を実現する理論でした。そして，伝統的理論では，会社法の規定は会社外部関係に関するものだけではなく，会社内部関係に関するものも強行法規とされています。強行法規性の理論的根拠としては，取締役や大株主の専横行為から自己の利益を守ることのできない少数株主の利益を守る必要性にあるとされています。すなわち，会社法の目的，あるいは会社法が追求すべき価値規範は専ら公正性であり，強行法規でなければ少数株主の利益が害される恐れがあり，この公正性を実現することができないという点にあります。このようにアメリカの会社法理論とはかなり出発点が異なっています。

Ⅱ　コーポレートガバナンス理論とガバナンス・モデル

1　コーポレートガバナンス理論の世界的な収れん

先進諸国の株式会社（特に公開会社）の株式所有構造やコーポレートガバナンス・システムは，それぞれに特色を有し異なった様相を呈しています。これらは一定方向に収れん（convergence）するのでしょうか。より具体的にいえば，アメリカの市場型モデルに収れんされていくのでしょうか。これを肯定する見解も有力に存在します。他方，Bebchuk & Roeは，ある国におけるある時点の支配的な株式所有構造は，その国でそれ以前にどのような株式所有構造が支配的であったかに大きく依存するのであり，したがって先進国間の株式所有構造や会社法制は異なった様相を呈しておりその相違が今後も存続するであろうと分析しました。法制度の収れんは難しいが，国際的な証券市場の出現によって実質的な収れんに向けた動きが見られると指摘する見解もあります。株式所有構造の変化，特に機関投資家の台頭は，先進国においては大きな共通の課題です。

2　コーポレートガバナンスの要素は単一ではない

先進各国のコーポレートガバナンスの枠組みにおいて株主利益最大化モデルかステークホルダー・モデルかで割り切った法制がとられているわけではありません。現実社会では，単一の理論やモデルですべてが解決できる，説明できるわけではないからです。たとえばアメリカでは株主利益最大化モデルが主流といいましたが，1980年代に敵対的買収が盛んになり，これに対抗して従業員の利益等を考慮して買収防衛を行うことを正当化するために，取締役は会社のさまざまな関係人の利害を考慮してよいとする制定法（constituency statute）が1990年代に多くの州でできました。さらに，アメリカ法律協会（ALI）は1994年に「コーポレートガバナンスの原理：分析と勧告」を公表しましたが，その2.01条で株主利益最大化原則を定めつつ，同条(b)で以下のように規定して公共の福祉によるコスト負担を認めました。

「企業の利益と株主の利益が高められなかったとしても，
(1)　法人も法の定める範囲内で行動する義務を負う

⑵　責任ある職務遂行により合理的に考えて適当と思われる倫理的考慮をすることができる

⑶　公共の福祉，人道，教育，慈善の目的に合理的な額の資源を拠出することができる」

また同原理6.02条⒝は，買収防衛行為の正当性の基準を規定していますが，大きく株主の長期的利益を損なわなければ，取締役会は会社が正当な関係を有する株主以外の利害関係人の利益を考慮できると規定しています。

さらに，株主利益最大化論の根拠とされる証券市場の市場メカニズムのみを過度に強調することの妥当性も再考しなければならないでしょう。そもそも市場は完全に効率的なのか，という疑問はいまだ解決されていないと思われます。また，たとえば，株式会社としての銀行のガバナンスをどう考えたらいいのでしょうか。銀行を単に株主の利益最大化のみから分析し経営するのは適切なのでしょうか。株主のほか，預金者，融資先，投資環境や規制当局など，より広範なステークホルダーを視野に入れなければならないでしょう。さらに，たとえばメーカーのガバナンスを考えるときに，資本市場だけでなく製品市場やサプライチェーンも視野に入れるべきでしょう。このように考えただけでも，資本市場のみを念頭に置くだけでよいのか，そういった疑問がわいてきます。

図表6-2　Bainbridgeの企業モデル

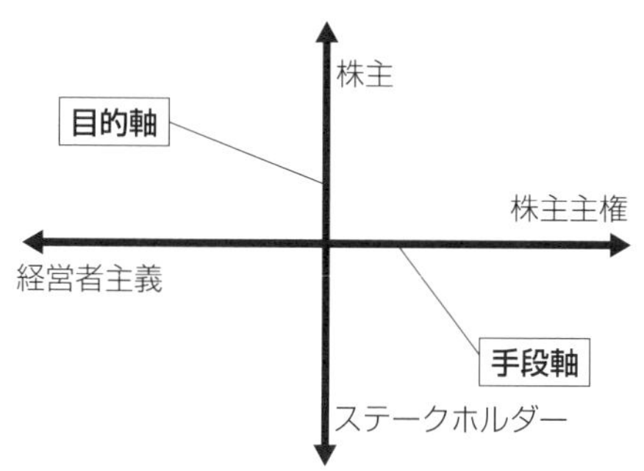

出所：Bainbridge「取締役主権：コーポレートガバナンスの手段と目的」(2003)

Bainbridge（UCLA）は縦軸に会社の目的，横軸にガバナンスの方法をとるマトリックスでコーポレートガバナンス・モデルについて考察を行っています（**図表6-2**）。同教授の示唆する取締役主権（director primacy）は，法と経済学の分析を基礎として，株主利益最大化（目的）と経営者主義（手段）の観点から得られた結論です。この会社の目的と手段の考え方はコーポレートガバナンスを分析する際に役立ちますが，実際にはアメリカ会社法の現状分析ともいえます[7]。

3 株主の権限の拡大はガバナンス向上に役立つか

コーポレートガバナンス・モデルを考える前に，法によって株主の権限を拡大すればコーポレートガバナンスの向上に役立つのであろうか，という論点を考えてみたいと思います。株主アクティビズムを強化する方法として最も直截と思われるのが制定法により株主の権限を強化・拡張することであります。これを株主エンパワーメント（empowerment）といいます。会社法の下で，取締役会が企業の意思決定の権限の中枢であることはいわばデフォルトです。これに対抗する権力を株主に付与していこう，それによって株主主権は達成されると考えます。

わが国会社法では会社の重要事項（定款変更や組織再編など）につき株主総会が決定権限を有しており，また広範な株主提案権を規定しています。しかし，アメリカでは，たとえば基本定款の変更は取締役会のみが株主総会への提案権を有します。会社法や定款の定める株主総会決議事項以外の事項（たとえば配当決議など）についての総会決議は拘束力を有せず，勧告的決議にすぎないとされます（報酬に関する決議の一部は法令に基づく勧告的決議とされます）。

---

7 Stephen M. Bainbridge, Director Primacy: The Means and Ends of Corporate Governance, 97 Nw. U. L. Rev. 547, 547-550 (2003).

さらにSEC規則14a-8，いわゆる「株主提案規則」は，SECに登録された公開企業の適格株主に，会社の株主総会の招集通知に株主提案を行い，年次株主総会でその株主提案につき議決権行使させることを許可しています。ただしSEC規則14a-8には株主提案を除外できる13の重大な除外事由が存在しました。しかも株主提案を株主総会が可決しても，その提案を採用する義務はありません。このように，アメリカ会社法は取締役会への権限委譲が進んでいるという前提があります。わが国会社法はむしろ株主総会の権限が広いといえます。

4　アメリカのエンパワーメントの変化

このような状況を背景に，アメリカでは定款変更や企業再編などの基本的事項の決定手続の開始を株主に可能にすることで，株主が「ルールを決める」ことができるようにすべきであるとしばしば主張されてきました。たとえば経営者の報酬ルールについての批判は，年次株主総会での決議による「say on pay（役員報酬に対する意見表明)」の手続をもたらしました。ドッド＝フランク法は現在，３年ごとにこの議決権行使を要求しています。このような改革の支持者は，株主のエンパワーメントにより，経営者が株主の利益のために行動するようになり，その結果，エージェンシー・コストが削減されると主張します。さらに以下のような変化も生じています。

アメリカ会社法において，取締役の選任の争いはSEC規則14a-7に従って株主の費用負担で委任状争奪戦によって行われてきました。株主総会において，委任状争奪戦ではなく，株主が特定の取締役候補者の選任を株主総会議案として提案し，会社が株主に送付する委任状勧誘書類（Proxy Materials，日本では招集通知に相当します)

にこの議案を記載するよう（会社の費用負担で）請求できる権利のことを特にプロキシー・アクセス（Proxy Access）といいます。取締役の選任に関する株主提案は前述の13の除外事由に入っていました。しかしプロキシー・アクセスを求める声の高まりにより，これを認めるSEC規則の改正（14a-11），デラウェア一般会社法（Delaware General Corporation Law：DGCL）の改正が行われました。ところが反対の意見も強く，その争いは訴訟に発展しました。結局，SEC規則14a-11は無効とされました。最終的に2009年にDGCLが改正され，会社の付属定款にプロキシー・アクセスを認める規定を定めることを可能とする112条が新設されました。プロセスとしてはプロキシー・アクセスを認める付属定款に変更し，変更後の付属定款に基づきプロキシー・アクセスを行うことになります。なお，2009年に，模範事業会社法（Model Business Corporation Act：MBCA）も改正され，DGCL112条と同じ内容の規定がMBCA2.06条に設けられました。さらに2010年にSEC規則14a-8(i)(8)改正により，SECは付属定款の変更を通してのプロキシー・アクセスを容認し，これは2011年から施行されました。S&P500企業では，プロキシー・アクセスを付属定款に定める企業が2014年にはわずか6社でしたが，2019年その割合は60％を超えます。しかし，プロキシー・アクセスの行使を実際に検討している大手ミューチュアルファンドは見当たらないといわれています。

5　アメリカ企業のガバナンスは誰が担っているか

とはいってもこれらは小さな変化にすぎず，実際には株主のコントロールは制限されており，取締役会は強大な権限を保持しています。これは取締役会への経営の集中の根拠を，株主による意思決定よりも取締役会に委ねた方が効率性の観点から利点があるという理解に置いていることによります。なぜなら，大企業の意思決定は複雑であり，適切な情報，能力，管理のインセンティブを持つ比較的少数のグループがそのような複雑な決定を行うのが妥当かつ効率的であり，会社の所有者による直接のコントロールは比較的小規模の企業でのみ機能するからです。さらに証券市場には，大規模な投資家や個人株主，支配株主や少数株主，長期保有株主や短期保有株主，優先株主や普通株主など，さまざまな種類の株主が存在しています。すべての株主の利益は他のすべての株主の利益と潜在的に対立する可能性があります。株主グループ相互の利益は大きく乖離しており，これが企業内の摩擦を引き起こし，意思決定を妨げる可能性があります。資本市場が完全に効率的ではなく，長期的な企業価値を正しく反映していない場合，一部の株主は，企業の長期的な利益に反し，短期的な利益を追求することに惹かれ，企業の持続可能性を損なう行動に出る可能性もあります（株価の低い企業に敵対的買収をかけ，買収後の資産処分等によって利益を得ようという「アービトラージ」などです）。また，そもそも株主は一般に会社経営に関与するには消極的で，受動的とされています。

こうした点から，多様化した株主の間で論争させるよりも，株主は自らを縛り，意思決定の停滞を回避するため，優れた情報と優れた能力を持ち，優れた結果を生み出すインセンティブを有する少数の経営専門家（取締役や上級役員）に意思決定を委ねるのが妥当であるとの考えが生まれ現在のガバナンスシステムになっています。このように考えると，株主主権モデル（shareholder primacy model）[8]には限界が見えてきます。以下では，2000年代からアメリカで議論されたガバナンス・モデルについて少し述べておきたいと思い

8 Lucian A. Bebchuk, The Case for Increasing Shareholder Power, 118 Hard L. Rev. 833 (2005).

ます。まずチームプロダクション・モデルと取締役主権モデルが，ESG要素を含むさまざまなステークホルダーの間の利益衝突の調整に役立ち，取締役がこの役割の最終責任を担うべきことを論じます。その後，ガバナンス・モデルに関する私見に言及します。

なお，shareholder primacyは株主至上主義とか株主優越主義と訳されることがありますが，株主主権という訳も多く使われています。株主民主主義（shareholder democracy）という言葉も定着しているところであり，本書では敢えて「株主主権」の用語を用います。

6 ガバナンス・モデル

(1) その1：チームプロダクション・モデル[9]

このモデルでは，取締役会は責任を分担し紛争を調停し利益を分配する際の最終的な決定者として機能すると考えます。しかし，主唱者であるBlair & Stoutは，会社の目的が株主利益の最大化であるとは主張していません。また，取締役は，株主を含む「すべての者からの直接の支配や監督に服さない」点で，単なるエージェントではなく，受託者（trustee）に最も類似したユニークな形の受認者（fiduciary）であるとします。すなわちエージェンシー理論から脱却していることが，まず特色です。企業特殊的（firm-specific）投資は，企業における価値の創造にとって不可欠です。それぞれ企業特殊的投資を行うチームメンバーは，会社のインプットを整理しアウトプットを分配するのですが，それらの間の利益衝突を解決する「調停人」として，取締役に独占的な権限を委任することが適切かつ必要であると考えます。したがって取締役会はチームメンバーではなく，むしろチームメンバーのいずれからも独立している必要が

9 Margaret M. Blair & Lynn A. Stout, A Team Production Theory of Corporate Law, 85 Va. L. Rev. 247 (1999).

あります。取締役は，株主を含むすべての利害関係者の間に立つ「調停階層（mediating hierarchs）」にあり，対立するステークホルダー利益の調整をはかり，必要に応じて生産要素を再調整する職責を引き受けます。そのため，Blair & Stoutは取締役会の職責を，株主の利益の最大化ではなく，会社全体の厚生（welfare）機能と解釈しました。チームプロダクション・モデルは，企業理論の絶対的前提であるエージェンシー理論から離れ，株主利益最大化論にも賛同しない新しい理論を構築したことで学界に大きな議論を呼び起こしました。株主利益だけではなくステークホルダー利益を直視する点から，ステークホルダー論を理論化したものであるとの評価もあります。

⑵　その２：取締役主権モデル[10]

取締役主権モデルの支持者は，取締役会は株主利益に貢献するために，むしろ株主からの干渉を最小にすべきであると主張します。Bainbridgeは以下のように主張します。他のステークホルダーではなく株主のみが取締役の受託者責任の適切な受益者である。取締役会は株主利益の最大化に対して最終的な責任を負っており，ステークホルダーの利益を促進するのではなく，株主の利益の促進が優先されるべきである。取締役会の権限は委任されたものではなくオリジナルなもので，株主も裁判所も取締役会の意思決定の権限を弱体化すべきではない。取締役会の決定を検証する株主の権利をいたずらに強化することは，コーポレートガバナンスの中核（取締役の権限）を損ねる危険性がある，と。

Bainbridgeの主張は株主主権モデルへのアンチテーゼとしての意味があります[11]。Bainbridgeはまた，取締役会の権限とその権限の

10　Stephen M. Bainbridge, Director Primacy: The Means and Ends of Corporate Governance, 97 Nw. U. L. Rev. 547 (2003).
11　Stephen M. Bainbridge, Director Primacy and Shareholder Disempowerment, 119 Harv. L. Rev. 1735 (2006).

責任ある行使との間には緊張関係が存在し，株主の議決権行使は，取締役に説明責任を果たさせる重要なメカニズムの１つであると捉えています。

⑶ ガバナンス・モデルの考え方

さて，企業理論やコーポレートガバナンスをどのように考えていくべきでしょうか。エージェンシー理論が正しくステークホルダー理論は誤りであり，したがって，株主利益最大化を会社の唯一の目的とすべきであるとの主張は直ちにはとり得ません。また，ステークホルダー理論は経営者の裁量の幅を拡張しすぎるものであって危険であるとか，ステークホルダー間の調整の軸がなくなるなどの指摘については，これは判例法理の確立を待つべきであって大きな批判とはなり得ないと思います。また，現代の複雑化した利害調整を任されている経営者にとっては，どちらの理論をとるかで決定的な差異が出るとも思えません。

⑷ 株主の長期的利益とステークホルダー利益の関係

株主に対する長期的利益の問題とステークホルダー利益の考慮の問題とは一旦は切り離して考えるべきでしょう。少なくない数の論稿が，CSRやステークホルダー利益を考慮するとそれは株主の長期的利益に資することになる，すなわち株主利益最大化モデルからも許容される結果に帰着するのだからステークホルダー・モデルと大差はないと述べています。いわば，ステークホルダー利益を株主利益の概念に溶け込ませる見解といえます。しかし，株主利益は長期的につじつまが合えばよいのか，その「長期」とはどのくらいの長期なのか，長期的利益に反しないのであればその途上で大きな打撃を受けても取締役の善管注意義務とはならないのか，といった疑問は即座にわいてきます。そもそもそのような見解においては「株主利益最大化」の物差しが曖昧になっているのではないでしょうか。ステークホルダー利益（換言すればESG要素）も一定程度考慮するべきであると直截に認めるべきではないでしょうか。いずれにせよ株主利益最大化とステークホルダー利益とは，理論上は一旦は分けて考えるべきであります。

(5) その3：「啓発された株主価値」モデル

コーポレートガバナンス・モデルを考える上では，企業の長期的な利益の促進，ステークホルダーの利益のバランス，説明責任の充足に焦点を当てる必要があります。この目標に照らして，コーポレートガバナンス改革として，現在イギリスで受け入れられている「啓発された株主価値」（以下「ESV」という）アプローチを紹介しました（25頁参照）。ESVアプローチの中核は2006年イギリス会社法の172条に具体化されています。この条項は株主利益最大化を長期主義や他のステークホルダー利益と調和させることを目的としています。同条によれば，取締役は株主全体の利益のために企業の長期的な成功を促進する義務があります。ただし，そうする際に，取締役は会社法172条(1)項に列挙されているステークホルダーの利益を考慮する義務があります。「啓発された株主」は，“企業の長期的な利益とパフォーマンス，およびその社会的・環境的影響に関心がある株主”の基準であり，コーポレートガバナンスのESVアプローチとも呼ばれます。2006年会社法制定に取り組んだ「会社法レビュー(CLR)」は，ESVの概念をコーポレートガバナンスの基本原則として受け入れました。ESVアプローチは，取締役がエージェントであるという観点からの取締役主権モデル（エージェンシー理論）に立脚しています。しかし株主利益だけではなく，ステークホルダー利益を含めた全体の利益としての会社に価値を考える点でチームプロダクション・モデルに類似しています。ESVアプローチの対象となる企業の全体的な管理については，取締役が引き続き責任を負うこととなります。さてここからは私見ですが，ここでいう株主利益最大化は，市場価値ではなく株主厚生の最大化であるべきです。他のステークホルダー利益，換言すれば外部コストを取り込んだ（内部化した）後の株主利益の最大化と定義することになります。こうした点で，今までの市場価値を基準とした株主利益最大化モデルとは異なっております。さらに，最終投資家にスチュワード責任を負う機関投資家は，ステークホルダー利益を考慮したエンゲージメントを行うことによって，「啓発された株主価値」の実現に貢献していくことになるでしょう。ただし何が株主利益（株主厚生）にかなうかは経営者・取締役が経営判断原則の中で総合的に判断していくことには変わりはありません。

第7章

ESGとファンド（インベストメント・チェーン）

I　スチュワードシップとインベストメント・チェーンの論点

1　二重のエージェンシー・コスト

1990年代初頭以来，機関投資家は，顧客・受益者に代わってポートフォリオ企業を「モニター」し「エンゲージ」することにより，エージェンシー・ギャップを埋めるべきだという議論がありました。実際はどうでしょう。ミューチュアルファンドや年金基金などの機関投資家は大量の株式保有をすることで，実質株主（顧客・最終受益者）と登録株主（仲介機関）の間，株主と投資先企業の取締役の間の２つのエージェンシー関係に関与することになります。

Gilson & Gordonは，「エージェンシー・キャピタリズムのエージェンシー・コスト」[12]の論文（2013年）において，株式が年金受給者等の最終投資家ではなく，その「代理人」（エージェント）である機関投資家によって主に保有される現象を「エージェンシー・キャピタリズム」と名付けました。現代の株式保有構造を正しく表わしているといえるでしょう。エージェンシー・キャピタリズムにおいては，機関投資家を起点に二重のエージェンシー・コストにさらされることになります。第１に，最終投資家（プリンシパル）のエ

図表7-1　スチュワードシップ活動の基盤

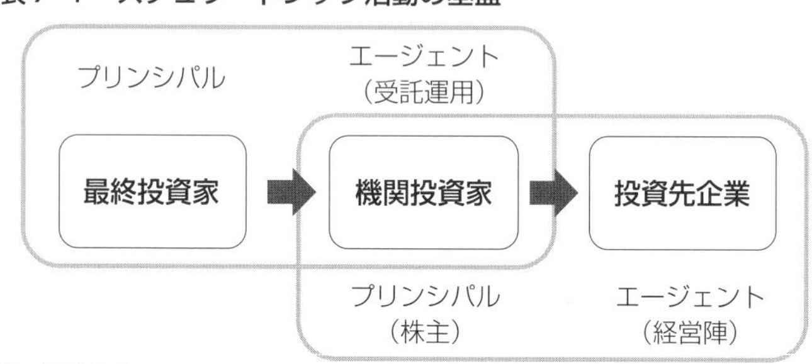

出所：筆者作成

12　Ronald J. Gilson & Jeffrey N. Gordon, The Agency Costs of Agency Capitalism: Activist Investors and the Revaluation of Governance Rights, 113 Colum. L. Rev. 863 (2013).

ージェントである機関投資家が，最終投資家の利益にかなう形で運用やエンゲージメントを行わないコストです。しかも，機関投資家の中には，アセットオーナー，アセットマネージャーといったエージェンシー関係の連鎖が存在します。第2に，直接の株主である機関投資家（プリンシパル）のエージェントである投資先企業の取締役・経営者が，株主の利益にかなう形で経営を行わないコストです。エージェンシー・キャピタリズム・モデルでは，株主である機関投資家自身が最終投資家のエージェントとして，投資先企業へのスチュワードシップ責任を負うことになると説明されます。

2　インベストメント・チェーンにおけるさまざまなサービスプロバイダーの出現

さらに仲介業者（intermediary），すなわち投資関連の外部のサービスプロバイダーの増加に対処する必要もあります。インベストメント・チェーンで求められる大量の職務は，膨大な数のコンサルタント，アドバイザー，格付け機関，その他受託者を生み出しました。機関投資家と投資先企業の間の距離がかえって広がったといわれることがありますが，これらの仲介機関が続々誕生したことに起因するかもしれません。

多くの論者は，機関による所有は，所有と経営の分離に関連するエージェンシー・コストを削減するメカニズムを提供できるのではないかと考えてきました。アクティビスト投資家は“分散した少数株主”状態を解消し，支配に匹敵するガバナンスの集中を実行できる可能性があるからです。しかし多重化した仲介の構造内に“追加のエージェンシー・コスト”が発生すれば，機関投資家が企業の意思決定プロセスにより直接的かつ積極的に関与することができる（つまりエージェンシー・コストを削減できる）という命題に重大な疑問が生じることになります。議決権の行使を例にとれば，わが国の場合約40％の機関投資家が議決権行使助言会社を活用しています（2018年金融庁調査）。大規模な機関投資家は，機関投資家自体または助言会社が策定する議決権行使ガイドラインに従って助言を委託しますが，ほとんどの場合このガイドラインを機械的に適用した結果により議決権の行使がなされ，企業との意見交換は不十分であるといわれています。つまり機関投資家（や助言会社）が投資先企業をモニターし，効果的なエンゲージメントを実行する能力が低下しています。この状態はバーリ＝ミーンズ型企業に戻ったともいえるでしょう。このように新たなエージェンシー・コスト問題にどのように対処していくのかが課題となります。

3　機関投資家の利益相反の問題

機関投資家の利益相反問題は，忠実義務違反に関わる重大な問題です。たとえば信託会社は，信託業務において顧客よりも銀行部門の利益を優先することがないように利益相反管理を行っているかが問われます。また，ファンド販売会社が顧客の利益に関わらず得られる手数料の高い商品を推奨する場合やグループ利益を優先してグループ内の運用会社の商品を推奨する場合（後掲**図表 7 - 4** 参照），あるいは，運用会社が，投資先の企業の議決権行使にあたって，顧客の利益に関わらず，親会社等の意向を優先して行使する場合などが典型例として考えられています。

企業年金基金では，企業年金が資産運用の委託先を選定する際に，母体企業が持つ金融機関や取引先との密な関係を考慮して投資運用委託先を選定することなどが考えられます。また，企業年金基金では，会社の経営陣がその制度を運営する年金運用担当者（受託者）を任命し，この受託者はその運用につき外部管理者を選任することになりますが，年金基金が母体企業の株式の重大な割合を保有している場合，この母体企業の議決権行使に影響を与える可能性があります。

公的年金基金は，年金受給者の金銭的利益に関わらず，多数の利益団体からの政治的圧力にさらされています。たとえばアメリカでは州や地方政府は，地方経済発展のために地元に投資資金を提供するよう運用管理者に圧力を加えるかもしれません。政府年金基金では，基金受託者はしばしば選挙で選ばれた役人または政府任命官です。たとえば，選挙で選ばれたニューヨーク市長は，市職員向けの大規模な年金制度であるNYCERSを管理しています。受託者の政治的野心は，年金受給者を犠牲にして，社会的投資の支援などより広範な公共政策目的につぎ込まれる可能性があります。

このように機関投資家の利益相反問題の重要性に鑑み，日本版スチュワードシップ・コードの原則２では「機関投資家は，スチュワードシップ責任を果たす上で管理すべき利益相反について，明確な

図表7-2　年金運用コンサルタントに生じ得る利益相反の構造

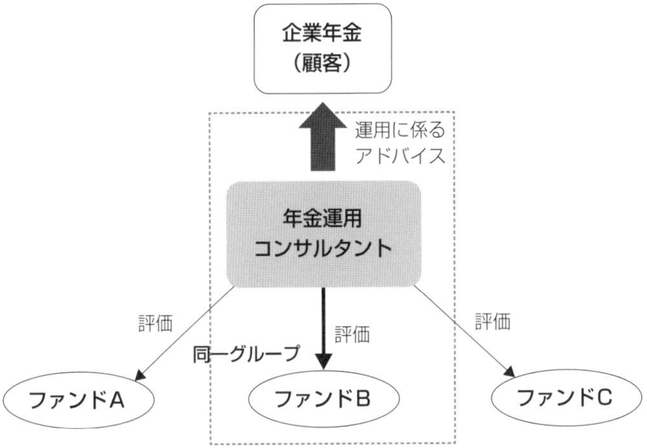

出所：金融庁「スチュワードシップ・コードをめぐる状況と論点等について」（2019年10月２日）25頁。

方針を策定し，これを公表すべきである」とし，指針2-1で顧客・受益者第一主義を宣言しています。もちろん本家のイギリスのスチュワードシップ・コードにも「顧客・最終受益者の最善の利益を優先するために利益相反管理を行う」（2020年版原則３参照）と示されています。

4　公正開示ルール（アメリカ）

公正開示ルール，すなわちフェア・ディスクロージャー・ルール（fair disclosure rule）とは，一般に，「発行体が，公表前における内部の重要情報を第三者に提供する場合に，他の投資家への公平な情報提供を確保するルール」と説明されています。すなわち，投資判断に重要な影響を与えるような重要情報（たとえば，業績予想の大幅な修正など）で未公表のものを，特定の第三者（たとえば，大株主，アナリストなど）にのみ提供すること（これを「選択的開示（selective disclosure）」といいます）は原則として許されない，というルールです。

証券市場への信頼を維持し，取引目的で内部情報が使用されるのを防ぐため，SECは2000年10月に公正開示規則（以下「Reg FD」という）を公布しました。Reg FDは，重要な問題の完全かつ公正な開示を促進し，企業がインサイダー取引につながる可能性のある方法で情報を選択的に開示することを禁止しています。上場会社は，意図的な開示の場合は選択的開示と同時に，不注意な開示の場合は開示後すみやかに，公開の開示を行わなければなりません。企業は，選択的開示を行う株主とのすべてのコミュニケーションまたは非公開の会議中のコミュニケーションのすべてにおいて，Reg FDの違反に注意する必要があります。ある調査では，Reg FDの潜在的な違反に対する懸念が，株主とのエンゲージメントを強化する意欲を低下させることがわかりました。アメリカでは，多くの執行役員および取締役はReg FDを株主との活発なコミュニケーションに対する重要な障害と見なしています。インサイダー取引規制法の現状に照らして，Reg FDは正確な情報の自由な流れの観点から問題があるとの指摘がなされていました。

2010年，SECは，こうした懸念を払拭することを目的としてReg FDに関する解釈指針を公表しました。SECは，Reg FDは企業の取締役および役員が株主との非公開の会議を行うことを禁止するものではないと強調しました。また，開示の相手方の株主が重要な非公開情報を機密保持することに明示的に同意する限り，企業はその株主と議論できることを付け加えました。SECは，ガイダンスおよびその執行実務を通じて，Reg FDにより取締役会と株主とのコミュニケーションを妨げる意図はないことを示すことで，規制に対する懸念を減らそうとしています。なお，SECのみがReg FDに基づいて訴訟を提起することができ，私人に執行の権限はありません。Reg FDの執行例は少数であり，株主との非公開の会議を開催した，または計画している企業に対する執行や調査は行われたことはないということです。株主とのエンゲージメントを目指す企業はSECが推奨する手続を採用し実施している限り，株主との建設的な対話から生じる潜在的な法的責任を回避できるようになりました。

5　公正開示ルール（日本）

わが国でも遅れてフェア・ディスクロージャー・ルール（以下「FDルール」という）が金融商品取引法改正により導入されました(2018年４月施行)。一般論として，エンゲージメントが機関投資家とその投資先企業（上場会社）との対話である以上，未公表の「重要情報」（改正金融商品取引法27条の36第１項）が伝達されれば，通常，FDルールによりその投資先企業はその機関投資家に伝達された当該重要情報を公表しなければなりません。ただし，取引関係者に伝達を行った場合でも，当該取引関係者が法令または契約により重要情報につき守秘義務を負い，かつ，当該上場会社等の株式等を売買等してはならない義務を負う場合には，公表義務は課されないこととされています（27条の36第１項但書）。なお，FDルールの「重要情報」は，インサイダー取引規制上の「重要事実」とは異なるとされます。FDルールの趣旨を踏まえ，企業側では情報管理体制を見直す必要があります。また機関投資家と投資先企業とのエンゲージメント（対話）を萎縮させることのないよう適切な運用がなされる必要があります。

6　議決権行使助言会社

多くの機関投資家は時に数千数百の上場会社に議決権を行使しなければならないため，議決権行使には多大なコストがかかります。しかし，ポートフォリオ企業に関して十分な情報に基づき議決権行使を行うためのインセンティブも能力もありません。そこで多くの機関投資家は，議決権行使の支援を得るために議決権行使助言会社のサービスを利用しています。場合によっては，機関投資家は議決権行使を助言会社に委託することさえあります。その結果，助言会社の業界はここ10年間で大幅に成長しました。アメリカではInstitutional Shareholder Services（ISS）とGlass Lewisの大手助言会社２社が業界シェアの約97％を占め，議決権行使の相当割合（場合によっては40％）を占めるといわれています。この大きな影響力は重大な懸念を引き起こしています。

SECは2003年に受託者義務を明確化し，機関投資家が顧客の「最善の利益」のために議決権を行使することを求めています。SECは，「助言会社を単に利用するだけでは受託者の義務を満たすには不十分であり，機関投資家は助言会社の議決権行使の助言を委託する際にある程度のデューデリジェンスを行使しなければならない」と定めました。さらにSECはそのような趣旨で策定された議決権行使の方針・手続，および議決権行使の結果を開示するよう機関投資家に義務付けました。このSECの規則改訂により，機関投資家はいかにして議決権行使の説明責任を果たすかに腐心するようになり，助言会社のサービスへの依存が一層強まりました。

それでは受託する側の助言会社はどうでしょうか。特に議決権行使の助言の質と利益相反の問題が指摘されてきました。助言会社の助言の基準には透明性が欠如していることが多く，その助言の質を評価することは困難です。そもそも助言会社は低コストの分析のみを行うインセンティブしかもたない場合もあります。利益相反の問題については，たとえばISSは，コンサルタントとして企業にコンサルテーションを行い，企業ガバナンスを改善する方法について企

図表7-3　議決権行使助言会社に生じ得る利益相反の構造

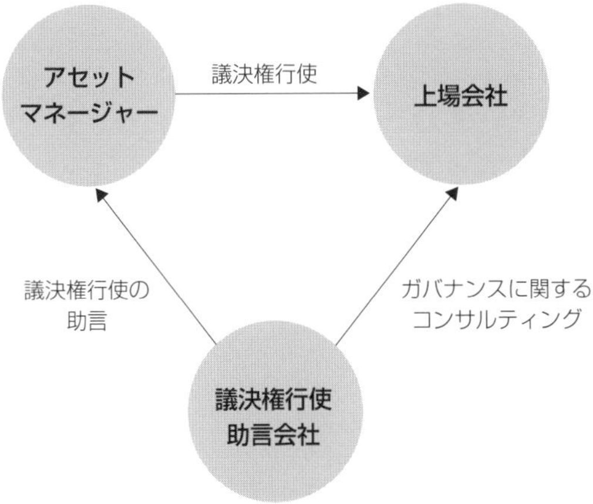

アセット
マネージャー
議決権行使
上場会社
議決権行使の
助言
ガバナンスに関する
コンサルティング
議決権行使
助言会社

出所：筆者作成

業に助言すると同時に，これらの企業の投資家（通常，運用受託機関）に議決権行使の基準を助言しています（**図表7-3**参照）。この二重の立場により利益相反の影響を受けた助言となる可能性があることの懸念が指摘されてきました。

2017年の「コーポレートガバナンス改革と透明性に関する法（H.R.4015 – Corporate Governance Reform and Transparency Act of 2017）」の目的は，議決権行使助言会社に対し，SECへの登録，利益相反の可能性と倫理規定の開示，および助言と分析の策定方法の公開を義務付けることにより，プロキシシステムの透明性を高め，投資情報への株主アクセスを向上させることにあります。すなわち，助言会社に対しより大きな説明責任と透明性を負わせることにより，上記の質保証と利益相反の問題に対処しようとするものです。わが国スチュワードシップ・コードの新設原則8（特に指針8-2）はこの方向性に沿うものですが，今後はいかに透明性を実現するかを模索するべきでしょう。

7　アナリストや格付け機関

議決権行使助言会社以外のサービス提供会社においても利益相反が問題となっています。たとえば，アナリストの利益相反問題です。証券会社の引受部門の顧客企業との友好的な関係を強めるため，同社所属のアナリストに楽観的なレーティングをするように圧力をかけ，そのアナリストが故意に楽観的な投資推奨（買い推奨）を示し，投資家に損失を与えるようなケースです。格付機関（指数会社）においてもこういった問題は生じます。インデックスファンドは，あらかじめ定めた指数（インデックス）に連動することを目標に運用するファンドです。したがって，指数や格付けは決定的に重要です。

格付機関には，信用格付機関（Moody's，フィッチ，S&P Global Ratingsなど）の他にESG格付機関もあります。

信用格付とは，発行体の信用リスク，主にデフォルト確率が考慮されたものであり，格付けの根拠となる主なデータは財務情報，将来の発行体の財務状況（債務履行能力等）を見通すための経営方針，および契約状況等の情報です。ESG要素についても，それが将来の信用リスクに影響を与える事象であれば格付評価に織り込まれます。たとえば何年後かに廃棄物管理につき政府規制が発動されたり課税されたりすることが明らかな場合です。これに対し，ESG格付は財務情報を考慮せず，主に発行体の非財務情報であるESG要素のみを材料として評価します。しかし，さまざまなESG要素につき機会・リスクの発生の確度にはばらつきがありESG格付は不安定で，今のところ正確性の担保も困難であります。

8　なぜESG評価が機関によって異なるのか

なぜESG評価が機関によって異なるのかを研究したMITビジネススクールでの研究成果があります（Berg, Kölbel, and Rigobon, Aggregate Confusion: The Divergence of ESG Ratings（May 17, 2020））。このチームはKLD（MSCI Stats），Sustainalytics，Vigeo Eiris（Moody's），RobecoSAM（S&P Global），Asset4（Refinitiv），MSCI IVAの６つの著名な格付機関からのデータに基づいて，格付機関によって評価が異なる理由について，３つの要素に分けて分析しました。すなわち，対象範囲の相違（たとえばロビー活動を含むか否か），指標（measurement）の相違（たとえば労働慣行を測定する際に離職率で測るか労働訴訟件数で測るか），ウェイトの相違（たとえば労働慣行の指標とロビー活動の指標ではどちらを重く評価するか）の３つです。研究の結果，評価の相違の主な要因は指標の相違によるものであり，その後に対象範囲の相違が続きますが，ウェイトの相違は重要ではないとのことです。指標の相違についていうと，異なる評価者は，同じカテゴリの同じ会社のパフォーマンスを異なる方法・要素で測定しているということです。人権と製品の安全性は，このような測定の不一致が特に顕著に表れるカテゴリとされます。また対象範囲の相違は，ESGの評価で考慮すべき一連の関連属性について異なる見解があることを意味します。企業の持続可能性の尺度はさまざまであることを考えると，これはある程度は避けられないことかもしれません。

9　機関投資家の行動パターン—“Voice or Exit”—

機関投資家は，ポートフォリオ企業に不満を持つとき，２つの積極的な選択肢を持っています。(i)経営者に意見表明して変化を起こすことを試みる（「voice」または直接の介入）。または(ii)株式を売却して会社から撤退する（「exit」または「voting with their feet（退席することで反対の意思表示をする）」）。

(1)　Voice戦略

Voice戦略として，アクティビスト・ヘッジファンドの活動は，通常，要求交渉，取締役指名要求（board representation），および委任状争奪戦という３段階のプロセスを伴います。特に委任状争奪戦（proxy fight）で重要なのは，ターゲット企業に対し支配的地位にないアクティビストが，他の株主，主に機関投資家の支持を集めなければならないことです。まず，アクティビストは，その存在を公表した後，機関投資家にその要求を支持するよう説得する水面下のキャンペーンを始めます。他の機関投資家からの支持を得られた場合にのみ最終段階（委任状争奪戦）へ移行することになります。ただし機関投資家がvoice戦略を通じてアクティビズムを開始することはめったにないと主張する論者もいます。委任状争奪戦のコストが高いこともあり，水面下での交渉が多いからです。

機関投資家の特性によりvoice戦略も異なります。市場における「株式の流動性」は機関投資家による経営への介入の抑止になるのか，あるいは助長するのかについては議論があります。流動性が高ければvoiceを使わずexit（売却）すればよいということになります。ただし保有規模が大きければむしろ「大きくて売れない」事態が生じます。また，長期保有の投資家は，短期保有に比べ，通常voice戦略に対する強いインセンティブを持ちます。

(2) Exit戦略

企業が予想業績を下回った場合，機関投資家は，いわゆる「ウォールストリート・ルール」に従い，株式を売却し撤退（exit）します。最近の研究ではexit戦略は別の強力なガバナンス・メカニズムとして認識されています。経営陣に不満を持つ機関投資家が株式を売却すればその売却により株価が下がるため，株価連動報酬を得ているCEO等に圧力をかけられるからです。Exit理論の支持者は，このexitの脅威により機関投資家が経営に積極的に介入しなくても投資先企業のガバナンス向上に貢献できると主張します。機関投資家のブロックサイズ（保有株式の大きさ）は，exitの脅威にとって重要です。ブロックサイズの大きさに従いexitの脅威も増加しますが，ブロックサイズが大きくなりすぎるとネガティブな情報を得たとしても，ブロック全体の売却は難しくなります。したがって，exit戦略には最適なブロックサイズが存在します。また大規模なインデックスファンドはポートフォリオを容易に壊せないため，exit戦略を利用することはそもそも困難です。年金基金でも，急速な規模の拡大により，投資先企業の株式を売却することは市場インパクトが大きすぎることから困難になってきました。ウォールストリート・ルールは，大規模機関投資家にとって維持困難となっています。

10 機関投資家のエンゲージメントへの取組み

アメリカでは，機関投資家は，大規模な公的年金基金の関与を契機として，コーポレートガバナンスへの関与を強めました。カリフォルニア州職員退職年金基金（「CalPERS」カルパース）は，投資先企業のコーポレートガバナンスに幅広く携わった最初の機関投資家の１つです。CalPERSの投資は，パフォーマンスの低い企業に焦点を当てた投資戦略と称されており，ある調査によればCalPERSが介入した企業にパフォーマンスの向上が見られました。ESG投資が注目される中，はたして機関投資家は積極的に企業へのエンゲージメントをするようになるのでしょうか。ミューチュアルファンドはアクティビズムへの取組みに消極的であるといわれています。その根本的な理由は，彼らのビジネスモデルに基づいています。詳しく見てみましょう。

(1) パッシブファンドのビジネスモデルとインセンティブ

インデックスファンドは，アメリカで43％の市場シェアを保有しています。2015年，インデックスファンドは約４兆ドルの運用資産を保有し，ヘッジファンドの運用資産を上回りました。パッシブファンドは，ここ20年でアメリカの証券市場でのシェアが４倍に膨れ上がっています。インデックスファンドは，インデックスとの連動のみを目的としているため，ポートフォリオ企業のパフォーマンスを向上させる金銭的インセンティブがありません。仮にアクティビズムに関与した場合，ファンド運用者はそのような関与のすべてのコストを負担する必要があります。しかし，その結果ポートフォリオ企業のパフォーマンスが改善すれば，インデックスに連動するすべてのファンド運用者に等しく利益をもたらすことになります（これを集団的行動（collective action）問題といいます）。伝統的な機関投資家は，投資先企業のガバナンスの向上に関与することで負担するコストが，それを実行したことから得られるパフォーマンスの上昇と比較して，端的に高すぎることをよく理解しています。ファンドのパフォーマンスは，同種のファンドと比較して，通常四半期ごとに評価されます。機関投資家は，コストとリスクを最小限に抑えながら，比較的短期間で比較的良好な投資パフォーマンスを得ることに関心を持っています。長期的なエンゲージメントが最終的には株主に利益をもたらす可能性があるとしても，短期の投資実績を評価するこの枠組みはパッシブファンドの成績評価には向いていないわけです。

そのようなビジネスモデルの結果として個々の投資先企業の固有情報を得ることを追求しないパッシブファンドの場合，多大なコストがかかるエンゲージメントを追求しません。また，過小評価されている企業を探し出し特定するためには追加のコストを払う必要がありますが，このような追加コストは，投資家をパッシブファンドに引き付けている低コスト戦略の旨みを台無しにします。たとえパッシブファンドが投資先企業のガバナンスに関与することを選択する場合でも，彼らはガバナンスに対し低コストかつ画一的（one-size-fits-all）な戦略をとることになるでしょう。

(2) ヘッジファンドのビジネスモデル

他方でヘッジファンドの活動は，企業の経営と戦略に影響を与えるためにさまざまな形をとっています。ヘッジファンドの顕著な活躍は2013年ごろといわれています。P&Gは，2009年から2012年にかけてCEOのマクドナルド氏の下での業績が低迷していました。マクドナルド氏は2012年に100億ドルのコスト削減計画でP&Gの株価を押し上げましたが，2013年５月に取締役会は前CEOのラフリー氏をCEOに復帰させることを決定しました。これは，アクティビスト・ヘッジファンドであるPershing Square Capital ManagementのAckman氏からP&Gの収益向上のための詳細なレポートに基づく提案がなされたことがきっかけでした。

ヘッジファンドのインセンティブは伝統的な機関投資家のインセンティブとは大きく異なっており，ヘッジファンドは投資先企業に対するモニタリングとエンゲージメントの能力とインセンティブを有しています。アクティビスト投資家は，ターゲット企業に足場となるポジションを獲得し，アクティビズムを実行してターゲット企業に変化を促し，最終的に利益を確保します。したがって，アクティビストのヘッジファンドは，簿価と比較して市場価値が過小評価されている企業を発見しターゲットとするビジネス戦略をとっています。他方で，伝統的な機関投資家は前述のようにビジネス戦略としてアクティビズムを用いません。

(3) ミューチュアルファンドとヘッジファンドへの法規制の違い（アメリカ）

機関投資家に対する法規制はどうなっているでしょうか。ミューチュアルファンドや年金基金は投資先の多様性を求められており，この要件のためエンゲージメントを促進するのに十分な大きさのブロックを取得できない可能性があります。つまり，内国歳入法第M項に基づく実質的な税制上の優遇措置と投資会社法に基づく「多様化」の資格を得るには，ミューチュアルファンドは高度な多様性を維持しなければなりません（15 U.S.C.§80a-5(b)(1)）。年金基金に関しては規制上の制約により多様性を求められています。これに対し，ヘッジファンドはこれに類する規制を受けておらず，他の種類の機関投資家に比べて投資対象企業に対し十分なブロックサイズを取得できることになります。

ヘッジファンドは投資家一般に適用される規制法規のみを遵守すればよいことになります。この規制法規には証券取引法第13条(d)による開示と第16条(b)に基づく短期売買差益規則（short-swing profit rule）などがあります。また同法第13条(f)の下では，ヘッジファンドのマネージャーは四半期ごとに「登録株式」（取引所に上場されている取引済み株式とオプション）の保有を開示するだけでよいことになります。実際には，多くの中小規模のヘッジファンドは，非登録のデリバティブおよび負債証券の保有がかなりの部分を占めており，この開示を避けることができます。また，保有額が１億ドル未満の13条(f)証券は開示をする必要はありません。その結果，ヘッジファンドは，第13条(d)の５％の閾値を超えない限り，デリバティブを使用して，開示をせずにターゲット企業に大きな経済的ポジションを保有することができます。さらに，ヘッジファンドは，ミューチュアルファンドや年金基金とは異なり，定量化が難しいレバレッジや投資デリバティブを頻繁に使用し，結果として同等の純資産を持つミューチュアルファンド以上に資産の大部分を単一のポジションに集中させることができます。

(4) ヘッジファンドの短期主義は悪なのか？

ヘッジファンドのアクティビズムへの批判は，多くの場合，長期的な価値を犠牲にして企業から即時の利益を絞り取る短期投機家と見ることから生じています。確かに短期的投資志向を持つアクティビスト投資家は，長期的価値創造を犠牲にし短期的に株価を上昇させる戦略を求めて企業に圧力をかけます。そうでなくても，機関投資家による対象企業の取締役への影響力（選解任を含む）が増大すると，短期的にパフォーマンスを示さないとアクティビストの介入を招くのではないかという恐れから，経営陣には長期的価値を犠牲にしてでも短期的パフォーマンスを上昇させようとの暗黙の圧力がかかります。しかしたとえばBebchukは，アクティビスト・ヘッジファンドが長期的価値の犠牲のもとに短期的利益を追求するという結論は導けないと主張しています[13]。Friedは，長期株主に仕える運用会社は，短期株主に仕える運用会社よりも，むしろ多くの企業価値を破壊する可能性があると主張します[14]。また，ヘッジファンドに関する別の実証的研究は，アクティビスト・ヘッジファンドは企業価値とパフォーマンスの持続的で長期的な改善を生み出すことができると論じます。理由は次のとおりです。アクティビスト・ヘッジファンド自体は，企業の戦略やガバナンスに望ましい変更を加えることができるほどの規模を持った支配株主ではありませんが，ターゲット企業を監視し，企業価値を高める変更を他の株主に提案

---

13 Lucian A. Bebchuk, The Myth that Insulating Boards Serves Long-Term Value, 113 Colum. L. Rev. 1637 (2013).

14 Jesse M. Fried, The Uneasy Case for Favoring Long-Term Shareholders, 124 Yale L.J. 1554 (2015).

できる有力な株主です。ヘッジファンドがそのような変更を提案する相手の株主とは，伝統的な機関投資家，すなわち長期的投資の視点を持つミューチュアルファンドと年金基金です。ミューチュアルファンドと年金基金は自らアクティビズムを主導することには消極的ですが，透明性のある議決権行使方針を採用し，議決権行使のために提案された株主提案を精査することができます。また彼らは短期的な利益の収奪の提案には賛成しないであろうことは容易に想像できます。よって，ヘッジファンドは実際には企業に持続的で長期的な改善をもたらす影響力のある投資家となり得ると主張します。

(5) パッシブファンドこそ悪か？

Lund（USC）は，ポートフォリオ企業を正しくモニタリングし評価して議決権行使をしないパッシブファンドにつき，それはコーポレートガバナンスに有害な結果をもたらすので，その議決権行使を制限するべきであるという論文[15]を発表しました（2018年）。Edward Rockが述べたように，ビッグスリーのスチュワードシップ・チームにとって，議決権行使の方法を考慮せず，単に議決権行使すること自体が非常に負担の大きい仕事です。しかし，ここ数年，ミューチュアルファンドは，これまで以上に投資先企業の経営者との直接的なコミュニケーションを行ってきました。最近の調査によると，過去５年間に，大規模な機関投資家の63％が経営陣と直接対話し，45％が経営陣以外の取締役会と非公開で対話をしています。また，多くの実証的研究は，こうした対話がポートフォリオ企業のコーポレートガバナンスとパフォーマンスの両方を改善することを示しています。さらに，Appel, Gormley & Kimによると，パッシブな機関投資家の増加は，独立取締役の増加，１株１議決権の増加，

15 Dorothy S. Lund, The Case against Passive Shareholder, 43 J. Corp. L. 493 (2018).

および買収防衛策の減少に良い影響を与えているとのことです。インセンティブやコストの問題を含む従前のパッシブファンドへの批判は，こうした最近のエンゲージメントの進展を考慮に入れて，再考する必要があるのではないでしょうか。そもそも，パッシブファンドはexit戦略（株の売却）によって投資先企業に圧力をかけることができないため，企業に対する議決権行使が重要になってきます。仮にLundが提案するようにパッシブファンドから議決権を奪えば，エンゲージメントや「意見表明（voice)」を通じても投資先企業に効果的に影響を与えることができなくなります。さらに，議決権がなければ，パッシブファンドは議決権行使助言会社の議決権行使方針に影響を与えることもできません。「議決権なくしてvoice（意見表明）なし」です。そのため議決権は非常に重要であり簡単にはく奪すべきではありません。

(6) パッシブファンドもスチュワードシップに貢献しなければならない理由

インデックスファンド自体はポートフォリオ企業にロックインされていますが，インデックスファンドへの投資家はウォールストリート・ルールを適用して撤退できます。そのため，Fischらは，パッシブファンドはコスト（つまり手数料）とパフォーマンスの両方で他のパッシブファンドだけでなくアクティブファンドとも競争していると主張します[16]。仮にパッシブファンドがポートフォリオ企業とエンゲージメントを行い，特に，ポートフォリオ内のパフォーマンスが低い企業のパフォーマンスを改善しようと試みるとしましょう。しかしこれはパッシブファンドが享受する比較優位（低コスト戦略）を弱めることになります。そこで，総コストを低く抑える

16 Jill E. Fisch, Assaf Hamdani & Steven Davidoff Solomon, Passive Investors (Univ. of Pa. Inst. for Law and Econ., Working Paper No. 414/2018).

ため，投資先企業への関与の仕方として，パフォーマンスの改善ではなくコーポレートガバナンスの改善の方針策定に投資する可能性が高いとされます。これがFischらの主張です。

(7) パッシブファンドの得意・不得意

パッシブファンドは企業固有の情報の取得が非常に限られています。しかしパッシブファンドは市場全体に広く投資しているため，公開企業の経営に影響を与えるために個別のモニタリング等に従事する必要性は低く，コーポレートガバナンスを改善するために投資方針，エンゲージメントの方針，および議決権行使の方針などを策定して公開し市場全体に影響を及ぼすことが可能です。つまり，パッシブファンドは，規模の経済を活用してポートフォリオ企業全体のガバナンスを改善できます。これはファンド・マネージャーが経営陣に影響を与えるため積極的な個別の戦略をとる必要がないことを示しています。パッシブファンドは，パフォーマンスの悪いポートフォリオ企業への投資を撤回することはできませんが，ポートフォリオ企業全体に大きな議決権の圧力を背景に要求を認めさせることが可能です。ことガバナンスの改善は，パッシブファンドの関与の形態として効率的な手段といえ，これは（アクティブファンドに対し）比較優位になります。

(8) パッシブファンドとヘッジファンドの協働はあり得るか

このように，市場全体の情報と影響力を持つパッシブファンドと投資先企業に固有の情報と影響力を持つアクティブファンドには，それぞれの強みがあります。投資対象の市場規模が大きいパッシブファンドは，スチュワードシップを市場全体に影響を及ぼすことができます。アクティビスト・ヘッジファンドは，ターゲット企業をモニタリングし，長期の目標を持つ伝統的な機関投資家に企業価値を高める変化を提案するなどして，影響力のある株主となり得る可能性があります。パッシブファンドは，アクティブファンドが有する企業固有の情報を活用することができ，他方でヘッジファンドの破壊的な活動を抑制し適度な影響力を市場に仲介する役割を果たします。

このような形の集団的（協働）エンゲージメントは今後ますます実行可能となるかもしれません。パッシブファンドの集団的エンゲージメントに関する方針を見れば，アクティビスト・ヘッジファンドは，自己のアクティビズムの成功の可能性を判断することができるでしょう。このような観点でアクティビスト・ヘッジファンドは，コーポレートガバナンスの市場において重要な役割を果たし続けるでしょう。

まとめてみましょう。パッシブファンドは，インセンティブやコストの関係からインベストメント・チェーンにおいて実行可能なスチュワードシップ活動が限られています。パッシブファンドはアクティビズムに従事することには消極的ですが，他方で透明性のある議決権の行使方針を採用し，その方針をもとに具体的な提案を精査することができます。他方で，ヘッジファンドは，パッシブファンドの力を借りてガバナンス活動を促進する「触媒」として機能することが期待されます。Fischらが指摘するように，こうした点での協働の可能性が見出せるでしょう。

Ⅱ 信託法の論点

1 信託法における信託とは

信託とは，委託者が信託行為（たとえば，信託契約，遺言）によって，受託者に対して資金や不動産などの財産を移転し，受託者は委託者が設定した信託目的に従って受益者のためにその財産（信託財産）の管理・処分などをする制度です。受託者は名目上信託財産を管理・処分等をしますが，その管理・処分等は受益者の利益のために行わなければならないという義務（忠実義務）を負っています。受益者によって自益と他益に分かれます。「自益信託」は，委託者自身が受益者となるような信託のことをいいます。委託者と受益者が別人である信託のことを「他益信託」といいます。

2 投資信託の仕組み

わが国における契約型投資信託（委託者指図型）について説明します（投信法2条1項）。**図表7-4**をご覧ください。「投資信託（フ

図表7-4　契約型投資信託の仕組み

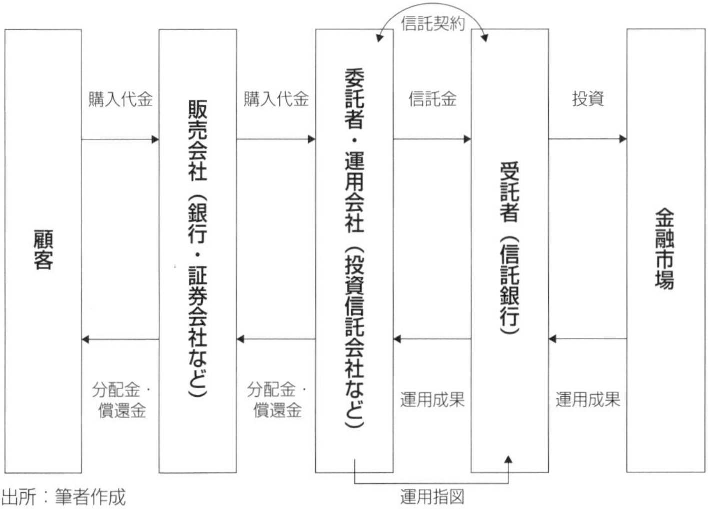

顧客
購入代金
分配金・償還金
販売会社（銀行・証券会社など）
購入代金
分配金・償還金
委託者・運用会社（投資信託会社など）
信託契約
信託金
運用成果
運用指図
受託者（信託銀行）
投資
運用成果
金融市場

出所：筆者作成

ァンド)」とは，一言でいえば，一般投資家から集めた資金を１つの大きな資金としてまとめ，運用の専門家が株式や債券などに投資・運用する金融商品で，その運用成果は投資家それぞれの投資額に応じて分配される仕組みになっています。集めた資金をどのような対象に投資するかは，投資信託ごとの運用方針に基づき専門家が判断します。

投資信託は「運用会社」で作られ，主に証券会社，銀行，郵便局などの「販売会社」を通じて販売され，多くの投資家から資金を集めます。投資家から集められた資金は一括して資産管理を専門とする信託銀行に保管されます。運用会社は集めた資金をどのように投資するのか考え，資金を管理している信託銀行に運用指図します。そして，信託銀行は運用指図を受けて株式や債券の売買を実行します。投資信託では，運用会社は委託者，信託銀行は受託者となります。

3　業法による受託者責任

インベストメント・チェーンにおける法の適用を見てみましょう。

⑴　アセットオーナー，特に企業年金基金

企業年金基金の事業主には，確定給付企業年金法により，法令遵守義務と忠実義務が課されています（同法69条）。

⑵　第一種金融商品取引業

運用商品となる信託受益権等を販売・勧誘する第一種金融商品取引業には，顧客に対する誠実義務が課されています（金商法36条１項）。また，同法36条２項から５項において利益相反管理体制の構築が義務付けられています。

(3) 投資運用業

証券投資顧問業は従来投資顧問業法により規制されてきましたが2006年に廃止され，金融商品取引法による規制となりました。投資運用業には，金商法により顧客（アセットオーナーなど）に対する，誠実義務（36条１項），忠実義務（42条１項），善管注意義務（同条２項），分別管理義務（42条の４）が課され，これらの義務違反から生じやすい利益相反取引，損失補填等の一定の禁止行為（42条の２），金銭・有価証券の預託受入れ等の禁止（42条の５），金銭・有価証券の貸付け等の禁止（42条の６），運用成績報告義務（42条の７）が規定されています。

また企業年金基金につき，資産運用管理機関は，加入者等に対し忠実義務（確定給付企業年金法71条），基金に対し忠実義務（同法72条）をそれぞれ負っています。さらに，投資運用業が運用権限を他の金融商品取引業者等に委託する場合，受託した金融商品取引業者等も同様にアセットオーナーに対し忠実義務および善管注意義務を負います（金商法42条の３第３項）。

(4) 投資助言業

投資助言業には忠実義務（金商法41条１項），善管注意義務（同条２項）が課されています。投資運用業と同様，受託者責任違反から生じやすい利益相反行為等の禁止行為が規定されています（金商法41条の２）。また，投資助言業は，投資助言に関して有価証券等の売買（同41条の３），金銭または有価証券の預託受入れ（同41条の４），金銭・有価証券の貸付け（同41条の５）も禁止されています。

4　わが国信託法の歴史

わが国信託法は2006年に全面改正されました。新信託法30条は受託者の忠実義務を規定しています。同条は忠実義務に関する一般規定です。この30条は，当初法制審の段階では訓示規定として提案されていましたが最終的には効力規定である旨が確認されました。旧信託法下では忠実義務の一般規定は存在しませんでしたが，有力な学説は忠実義務を受託者が専ら信託財産の利益のためにのみ行動すべき義務と定義していました[17]。これを「受益者の利益専一」といいます。この説は主としてアメリカのリステイトメントの影響を受けたものです。「利益専一」の考え方からすると，受託者が信託財産に属する財産を自ら購入する（自己取引）ことは，これが信託財産にとって経済的利益をもたらすものであっても許されないはずです。しかし，伝統的な利益専一の考え方は，受託者が信託事務処理によって利得することをまったく否定するものではなく，予防の観点を重視し透明性の確保と説明責任を果たすことに重点があるといわれています[18]。

5　信託法30条と31・32条との関係

一般規定である信託法30条においては「忠実」の判断基準が問題となりますが，これは個別具体的に判断されます。31条は利益相反取引につき32条は競合行為につき特に規定したもので，これらで対処できないケースは一般規定である30条の対象となります。すなわち利益相反行為（31条１項）は形式的類型的に規定されていますが，これからこぼれた非類型的な利益相反行為に対して30条の忠実義務違反が個別具体的に判断されることになります。なお，受託者の主観面において受託者が受益者の利益ではなく自己または第三者の利

17　四宮和夫『新版　信託法』231頁（有斐閣，1989）。
18　樋口範雄『入門・信託と信託法（第２版）』143，160頁（弘文堂，2014）。

益を図る目的で行う行為は30条の忠実義務違反になるとする見解があります[19]。これは後述のアメリカ信託法の「唯一の利益ルール」に影響を受けた見解かもしれません。

ところで31条や32条においては受託者が類型的に禁止された行為をしたときは受益者に対し当該行為について重要な事実を通知しなければならないとされています（31条３項，32条３項）。しかしこれらに相当する規定は30条に規定されていません。受益者にとってさまざまなアクションをとるにあたって情報は重要です。30条についても受益者に情報を与える必要があるので同じように通知の義務を認めるべきであるとの見解も主張されています（条解信託法200頁）。しかし，31条や32条は類型的な行為を規定しており通知の対象は識別しやすいのですが，30条はさまざまな非類型的な行為を含んでおり受託者が通知の対象となるかを識別できるかは難しい問題です。

なお信託法40条３項は，30条違反の場合，利得を損害と推定する規定を置いています。改正前の法制審の段階では，「利益取得行為」とこれに対応する「利益の吐き出し（disgorge）」が提案されていましたが，最終的には採用されませんでした。

信託業法にも一般的な注意義務が定められています（28条１項）。

6　わが国信託法上の忠実義務が問題となるケース

信託法は受託者が原則として禁止される利益相反行為として４つの類型を規定しています（31条１項）。その上で同条２項は，これらの類型に該当する場合であっても，実質的に許容される場合を定めています。

ポートフォリオに関し問題となりそうなのは包括的な例外を認め

19　道垣内弘人編著『条解信託法』196頁（弘文堂，2017）。

る31条２項４号です。これによれば，①その行為が信託目的の達成のために合理的に必要であること，かつ②-1受益者の利益を害さないことが明白であるとき，または②-2その行為の信託財産に与える影響，行為の目的・態様，受託者と受益者との実質的な利害関係の状況等に照らして正当な理由があるとき，同条１項各号所定の行為を行うことができるとされます。

②-1の典型例として，信託財産において投資対象のポートフォリオの適正化を図る必要があり，そのため市場価値の明白な財産につきその帰属を信託財産から固有財産へ，固有財産から信託財産へ（以上31条１項１号該当），または１つの信託財産から他の信託財産へ（１項２号該当）移す場合が挙げられています（条解信託法229頁）。

そもそも４号の趣旨ですが，信託行為に許容する定めがなく，受益者の承認を得るのに時間がかかるとか，受益者が多数いるため承認を得るために費用がかさみかえって信託財産の損失となるといった事案があることからこの規定が設けられたとされます（条解信託法227頁）。しかしながらこの条項が多用されると受託者の利益相反行為が事前の許可や説明がなく行われるようになり，それもまた好ましくありません。そこでアメリカ信託法の忠実義務の厳格なルールの適用を想定し，受託者に重い立証責任を負わせるべきとする見解も見られます。

さらに競合行為の制限につき，禁止する類型を挙げ（32条１項），例外として許容される場合を規定しており（２項），これは31条と同じ構造となっています。

7　受託者責任とESGインテグレーション（序論）

受託者責任の概念は，受益者たる顧客の「最善の利益」（best interest）を満足させることに重点を置く必要がありますが，「受託者責任」をあまりに厳格に解釈することによってこの最善の利益が誤って理解されているのではないかとの指摘があります。つまり，投資先企業の持続的な成長を促進するという長期的な目標の達成は顧客の「最善の利益」とはいえず，短期的な利益の最大化や即時の利益の確保こそがその顧客の最善の利益であると理解する立場です。この流れから，ESG要因の考慮は受託者責任にむしろ反するのではないかという議論が出てきます。長期的視点を持つ機関投資家は，“厳格な受託者責任に従えば資産運用会社として財務的利益を明確に評価できない長期的な投資から離れざるを得ない”という不都合に直面することになります。ESG投資のためには，「受託者責任」の概念を整理し，顧客の最善の利益を満たしながらESG責任を果たせることを確認することがまず重要です。日本では投資に際しての忠実義務の解釈につき詳細な議論がまだなされていませんが，アメリカやイギリスではすでに大きな議論となっています。この2か国での議論を中心に話を進め，わが国への示唆を得たいと思います。

(1) フレッシュフィールズの報告書

PRI（責任投資原則）の前に，国際法律事務所のフレッシュフィールズ・ブルックハウス・デリンガーが作成し，国連ワーキンググループが後援する報告書「ESG要素を機関投資へ統合するための法的枠組み」(2005年）は，各国の受託者責任問題を取り上げ，投資の意思決定に適用される受託者責任を検討しています。結論部分で，「ESGの考慮事項を投資分析に統合して，財務実績をより確実に予測することは明らかに許容され，すべての法域で間違いなく必要とされています」と記述していますが，この部分だけが独り歩きし

ESG投資は受託者義務に違反しないとの文脈で頻繁に引用されています。

しかし，アメリカでは，ESG要因を考慮していない投資専門家の22％は受託者責任に抵触しないことが明確になればESG投資をすると述べているとの統計があります。また，アメリカ労働省（DOL）は，2015年から3回にわたり，解釈通達において，連邦法のERISA法の適用を受ける企業年金受託者によるESG投資の適法性の基準についてわざわざ取り上げています[20]。このように，多くのアメリカの機関受託者は，ESG要因を明示に考慮することは信託法やERISA法の忠実義務に違反する可能性があるのではないかという根強い懸念を持っています。

報告書は受託者責任が投資意思決定者による裁量権の行使に対する主要な制限となることを認めています。はたしてESG投資は許容され必要とされるとの結論は妥当なのでしょうか。詳しく見てみたいと思います。

(2) イギリスのCowan v Scargill事件最高裁判決

この報告書は153ページにわたる大部ですが，比較法に紙幅を費やしており，EU，英米のほか，オーストラリア，カナダ，フランス，ドイツ，イタリア，日本，スペインの法制を紹介し分析しています（pp.36-116）。

この報告書のイギリス法に関する部分で，投資利益の最大化に関するCowan v Scargill事件最高裁判決の誤解が，投資活動においてESG要素を包括的に統合するに際して障壁となっていると指摘しています。すなわち報告書は，この最高裁判決により「(年金信託の投資に関して）多くの投資決定者が，投資ごとに金銭的な利益を最

20 Interpretive Bulletin Relating to the Fiduciary Standard Under ERISA in Considering Economically Targeted Investments, 80 Fed. Reg. 65,135, 65,137（Oct. 26, 2015）（codified at 29 C.F.R. § 2509.2015-01）.

大化する必要があり，また裁判所がその利益最大化の目的なしでなされた決定を覆すことになると信じるようになった」と述べています（pp.8-9）。Cowan v Scargillはどういう事件でしょうか。

この1984年のイギリスの信託法事件（Cowan v Scargill [1984] 2All ER 750）は，全国石炭委員会（NCB）の年金基金が保有する資産に対する受託者責任に関するものです。理事会（trustee board）を構成する10人の理事のうち５名はNCBによって任命され，残りの５名は全米鉱山労働者連合（NUM）によって任命されていました。理事の半数（NCB出身）が，NUMリーダーのScargill氏とNUM出身の４人の理事を提訴したのがこの訴訟です。NUM出身の受託者が特定の海外産業への年金基金の投資を拒否したことが訴えの理由です。NUM出身の受託者は，海外の産業はイギリスの石炭鉱業の競争相手であり，拒否はイギリスの鉱山労働を退職した受益者の最善の利益に適うという理由で反対しました。

最高裁の副裁判長であるメガリー卿は，受託者の義務について広範な決定を行い，受託者は自分の個人的な信念に基づいてではなく，現在または将来の受益者の最善の利益に貢献することに基づいて決定を下さなければならないと判断しました。少し詳しく引用しますと，「受託者の義務は，受益者の最善の利益のために行動することであり，信託の目的が経済的利益の提供である場合，投資の権限は，彼らの資金が収入と資本増価によって最高のリターンを生み出すように行使されなければならない。…そして，受託者の個人的な見解や道徳的な留保が何であろうと，それは同じである」と判示しました。Scargill判決は，受託者が環境，社会，ガバナンスの要因などの非金銭的利益に基づいて投資判断を行うことを制限していると一般には解釈されています。

メガリー卿は，NUM出身の受託者が海外産業への投資を拒否することは信託法に違反すると述べていますが，さらに次のように述べています。

「どのような投資を行うかを検討する際には，受託者は自分自身の個人的な利益と見解を脇に置かなければならない。理事会は，社会的・政治的見解を強く保持している可能性がある。彼らは南アフリカや他の国への投資に固く反対しているかもしれないし，あるいはアルコール，タバコ，武装その他多くの事柄に関係する企業への投資に反対するかもしれない。…しかし，この種の信託において，ある投資が他の投資よりも受益者にとってより有利である場合，受託者は自己の見解に基づいて投資を控えてはならない。」（p.761）

ただし，この基本原則を述べた後，同裁判官は，受益者の経済的不利益となる取り決めでも，受益者のためであり得る例外的な状況があることも認めています。

「信託の現在の又は潜在的な受益者がすべて成人であり，道徳的・社会的問題について非常に厳格な見解を持ち，あらゆる形態のアルコール，タバコ，人気の娯楽，および武装を非難している場合，受託者が他の投資に資金を投資した場合に得られる利益よりも，その活動（注：上記の非難される活動）への投資でより大きな金銭的利益を得られたとしても，これはその受益者の『利益』とはならないと私は理解する。受益者は，邪悪で汚染された情報源であると考えるものから多くの利益を受け取るよりも，受領自体は少なくても，その方がはるかに良いと考えているかもしれない。」（pp.761-62）

受託者は自己の社会的・倫理的信条に反しても受益者の利益を優

先すべきですが，受益者全員がその信条に賛同していれば別であり，その場合金銭的利益は劣っても受益者のそのような社会的・倫理的信条を考慮に入れることができるというのです。しかし特定の投資戦略を正当化するために受益者全員のコンセンサスを確認することは実際には困難です。このように道徳的・社会的動機と受託者義務との関係はやっかいな問題です。

(3) イギリス信託法における忠実義務の位置付け

アメリカ信託法では早くから忠実義務の概念が確立しました（信託法第1次リステイトメント参照）。これに対し，イギリスの信託法では忠実義務の概念は必ずしも明確にされていません。この論点は，イギリスではむしろ利益相反概念から出発することが多いように見られます。なお最近では自己取引に適用される厳格な自己取引ルールと受託者と受益者の取引に適用される緩やかな公正取引ルールとを区別して適用することが多く行われているようです。

受託者は，慎重に行動する義務（the duty to act prudently）に加えて，適切な目的，つまり信託の目的のために投資権限を行使する必要があります（the duty to act for a proper purpose）。換言すれば，投資権限は，その権限の元となる証書，すなわち信託証書と規則に定められている明示の目的のために行使されなければなりません。したがって，イギリス法の下で，ESG要素を投資の意思決定に統合する方法としては，特殊な「倫理的」基金の場合におけるように，関連する証書でそのようなESG統合を明示的に要求するか，またはそれを要求するように修正することです。しかしイギリスの主たるファンドの信託証書はESG要素の統合につき特定のアプローチを定めていません。こうした点からESG投資についても適切な信託目的の設定が必要であるとの指摘もあるところです。

(4) フレッシュフィールズの報告書の評価

2005年（つまりリーマン・ショックの前）の時期において，法律事務所が作成したとはいえ，この報告書はかなり革新的で政策的な意味合いのある「意見書」であったと思われます。報告書は「各国の多くは，特に年金の文脈において，投資の意思決定者にESGの考慮をどの程度考慮に入れるかの開示義務を法律で定めている。…（これは）一定のレベルでESGの考慮事項を考慮しなければならないという見解を裏付ける重要な根拠となる」（p.11）と述べられているだけで，ESG投資が受託者責任に抵触しないかについて十分に論じられているとは思えません。

なおアメリカの箇所では以下のように記載されています（p.8）。「（ESG投資についての）重要な制限は忠実義務によって課されている。…すべての考慮事項は，投資ポートフォリオに対し予想される結果に照らして評価する必要がある。…さらに，すべての考慮事項と同様に，ESGの考慮事項は，それが投資戦略と関連する場合には，常に考慮に入れる必要がある。…要するに，ESGの考慮事項を日々のファンド管理プロセスに統合することには何の障害もない。」つまり，金銭的利益の最大化とは関連付けておらず，またどのようなESG要素の考慮が必要かについて検討があまりなされていません。

結局，各国ごとに法制が異なる以上，ESG要素の考慮につき受託者責任上問題があるかは，個別に考えていくしかありません。

第8章

SRIとESG投資

ESG投資のルーツは1980年代に登場した社会的責任投資（SRI）といわれています。さらに，地球の環境や資源，貧困や人権など，さまざまな社会的な課題に対する関心が高まったことで，持続可能な社会の実現に向けた取組みが盛んになってきたことなどを背景に，特に欧米を中心にSRIが拡大してきました。また，投資目的が社会的課題に対する責任を果たすことや社会の持続可能性（サステナビリティー）の向上などへと広がったことで，SRIは責任投資やサステナブル投資などとも呼ばれています。

現代のESG投資はこれとは異なるという指摘もあります。SRIはより倫理的側面を重視し社会的価値への貢献を企業に求めていくものであるのに対し，ESG投資はその経済的価値，投資パフォーマンスやリスク管理を重視しており，年金基金などの受託者責任を負う投資家にとっては，あくまで投資パフォーマンスが得られることがESG投資の前提となっています。アメリカでは道徳的倫理的な動機に基づく投資は信託法に基づく忠実義務に反するとの指摘もあります。詳しく見てみましょう。

I　受託者責任の枠組み

以下では，歴史の古いアメリカ信託法の議論を追うことによって，わが国信託法，特に受託者義務の解釈につき示唆を得たいと思います。

受託者は，アメリカ信託法上，すべての世代の受益者を公平に扱い（公平義務），受託者の利益ではなく，受益者の最善の利益のために行動し（忠実義務），慎重な投資家基準（慎重な投資家ルール）

に従う必要があります。コモンローの信託法（具体的はリステイトメント）と企業年金に適用されるERISA法に分けて考えることになります。

1　信託法リステイトメント

1959年に公表された信託法第２次リステイトメント174条は，受託者の行動基準として「通常の慎重さを有する者（a man of ordinary prudence)」という抽象的基準を設定していました。時系列的にはERISA法を経て，第３次リステイトメントが誕生しました。

信託法第３次リステイトメントにおいて，信託法に基づいて機関投資家に課せられた受託者義務（fiduciary duty，同90条コメントａ参照）は，受託者が「慎重な投資家（prudent investor)」として行動することを要求しています（同90条）（なお，1992年版では227条でしたが現在は90条となっています)。伝統的なa prudent man ruleを現代化する必要性からa prudent investor ruleへと変化しました。すなわち「この基準は，合理的な注意，スキル，および注意の行使を必要とし，単独ではなく信託ポートフォリオの文脈で，信託に適したリスクとリターンの目標を組み込む必要がある全体的な投資戦略の一部として投資に適用される」と規定しています（90条(a))。「慎重な投資家ルール」は，ポートフォリオ全体に焦点を当てることにより，最新のポートフォリオ理論（Modern Portfolio Theory：MPT）を取り入れています（90条(a))。これにより，受託者は，「信託に適したリスクとリターンの目標を組み込む必要がある全体的な投資戦略の一部」である限り，あらゆる種類の投資を行うことができます。なお，MPTは，ポートフォリオ全体に対しリスクを最小にしつつリターンを最大化するポートフォリオであるとされています。

さらに，受託者義務には，分散投資義務（同条(b)），受益者への忠実義務と公平義務，代理人への授権，また責任の委任と合理的な費用への注意に関する慎重さが求められています（同条(c)）。90条のコメントcによれば，慎重な投資家ルールの下で，受託者は「専一の忠誠心（undivided loyalty）」を負い受益者の利益のためにのみ行動しなければならないとされています。リステイトメントは社会的投資についても議論していますが，これが受託者責任と一致しているか否かについての明確な基準を提供していません。

2　統一慎重な投資家法

信託法第3次リステイトメントが「慎重な投資家ルール」を採用したことを受けて，統一法委員会は，1992年版を成文化する「統一慎重な投資家法（the Uniform Prudent Investor Act：UPIA）」を公布しました。現在では44州とDCで採用されています。リステイトメントの慎重な投資家ルールはUPIAのいわば生みの親であり，UPIAの規定や解釈はリステイトメントに大きく依拠しています。

リステイトメントは，慎重な投資家基準に関して，柔軟で進化する基準を策定したその意図を述べています。慎重な投資家基準はファイナンスの知識と実務の変化に適応し続けており，その業界基準の変化に応じて何が慎重であるかという考え方も変化します。慎重な投資家基準には財務分析の一部として重要なESG要素の考慮も含まれますが，財務的要因に関係なく環境的・社会的影響を考慮するものではないとされます。受託者は，忠実義務をはじめ公平義務（duty of impartiality）（リステイトメント79条参照）などの受託者責任を遵守しなければなりません。これらの義務はすべて，投資決定を行う際に「慎重な投資家」として行動する受託者義務に影響を与えます。

3 ERISA法

他方，1974年従業員退職所得保障法（Employee Retirement Income Security Act of 1974：ERISA）は，企業などが運営する私的な退職給付制度を対象に，制度加入者や給付金受取人の受給権保護を主な目的として制定されました（注：Actが入っていますが一般に「ERISA法」と称するのでその用法に従います）。同法は，加入資格・受給権付与の最低基準，情報の開示，最低積立基準の設定，受託者責任の明確化と強化，制度終了保険などを規定しています。ERISA法はコモンローの慎重な投資家基準に変更を加えています。ERISA法の受託者責任の規定の中核は404条(a)(1)です。

ERISA§404(a)(1)で定義される慎重な人間の注意基準
(a)慎重な人間基準（prudent man standard of care）
(1) 受託者は，（年金）プランにつき，専ら加入者および受益者の利益のためだけに義務を果たすものとし，さらにそれは
(A) 次の目的のためだけに，
(i) 加入者および受給者に給付を行うこと
(ii) プランを管理するために適正な費用を負担すること
(B) 同様の能力を有し，そのような事情に精通している慎重な人間が，同じ特徴と目的を持つ事業の行為において用いるであろう，注意（care），スキル，慎重さおよび勤勉さをもって，
(C) 大きな損失のリスクを最小限にとどめるべく，そうすることが明らかに慎重でない場合を除き，プランの投資を分散す

ることにより，

(D) そのような文書および書類が本章および第Ⅲ章の規定と一致する限り，プランを管理する文書および証書に従う。

このように，404条(a)(1)は忠実義務，慎重な人間基準，分散投資義務について規定しています。またERISA法に関する第３次リステイトメント第90条のコメントは，用いられる専門家のスキル（(a)(1)(B)参照）に言及し，ERISA法は「一般的な信託法によって課されるものとは異なる投資管理のスキル基準を課している」ことを承認しています。

Ⅱ 忠実義務

1 信託法リステイトメントの忠実義務（ERISA法を除く）

歴史的に，忠実義務は受託者に「受益者の利益のためだけに信託を管理する」ことを求めています。第１，第２，および第３次の信託法リステイトメントでは，忠実義務の主な目的は，受託者と受益者の間の利益相反を防止することにあると明確に述べています。ここで注目すべきは，忠実義務は受託者への利益誘導の誘惑を防ぐことを常に目的としてきた点です。この見方は忠実義務の中心であり，受益者に無害であることが示されている取引でさえ，受託者への誘惑を遠ざけるために，利益相反は禁止されています。ただし信託法第３次リステイトメントで示されているように，「受託者は，信託の条件によって，明示的または黙示的に，専一の（undivided）忠実のルールによって禁止されている取引に従事することを許可される場合がある」という例外があります。その場合は，忠実義務の「唯一の利益」ルールではなく，「最善の利益」ルールが適用されます。リステイトメントでは忠実義務は「唯一の利益ルール」にすべて統合されたように見えますが，よく見ると異なった行為類型が含まれています。たとえば自己取引その他の利益相反行為については厳しい反証不能ルール（no further inquiry rule）が適用され，信託財産間の取引には最善の利益ルールが適用されてきました。

2　ERISA法の忠実義務

ERISA法は，忠実義務と慎重性の義務を含め，信託法の伝統的な受託者義務を成文化しました。この義務は，ERISA法403条および404条（前述）に規定されています。403条は次のように規定しています。「年金プランの資産は，雇用主の利益のために保証されるものではなく，プランの参加者とその受益者に利益を供与するという唯一の目的のために保持されるものとする。」ERISA法の規制は，コモンローの忠実義務の基準にさらに高い基準を設定することにより，唯一の利益の目的に反すれば，たとえ受益者に利益が生じても利益相反取引を許さないことにしています。

さらに，2014年，連邦最高裁判所は，ERISA法の唯一の利益ルールが適用される対象は，年金プランの受益者に対する「金銭的給付」であると判示しました。したがって，最高裁判例によれば，年金受益者に金銭的利益を提供する以外の目的で受託者が行動する場合は忠実義務に違反します。したがって，他の動機の下で行動することは，受託者に直接の自己取引が存在しなくても，忠実義務の違反になります。たとえば受託者に，受益者への金銭的利益の提供の目的と（それ以外の）付随的便益の獲得の目的の２つの動機が混在している場合でも，受託者は唯一の利益ルール（すなわち忠実義務）に違反することになります。少し詳しく見てみましょう。

3　忠実義務には２つのタイプがある

忠実義務には２つのタイプがあります。１つ目は，受託者が「受益者の利益のためだけに信託を管理しなければならない」という「唯一の利益ルール（sole interest rule）」です（「排他的利益ルール」ともいいます）。このルールでは，「受託者は第三者の利益や信託の目的の達成以外の動機による影響を受けないようにする義務がある」とされます。受託者が受益者の「唯一の利益」を図る以外の動機を持っている場合，自己取引がない場合でも，唯一の利益ルールの下では，受託者は忠実義務に違反します。よって混合した動機で行動すると「不正行為の推定」が生じ，これは反証不能とされます。換言すれば，受益者側はそのような混合動機の事実を証明するだけで十分です。唯一の利益ルールはERISA法の下では必須のルールであり，他方で信託法の下ではデフォルト・ルールです（つまりこれと異なる合意は有効です）。

忠実義務のもう１つのタイプは，「最善の利益ルール（best interest rule）」です。この忠実義務の概念は，会社法において典型とされます。最善の利益ルールは，唯一の利益ルールが放棄された場合に信託法に基づいて適用されますが，その場合受託者は利益相反行為を絶対的には禁止されておらず，あくまで受益者の最善の利益のために行動すれば許容されます。このように唯一の利益ルールの下では，利益相反行為に対する防御や反証は一切許可されていませんが，最善の利益ルールの下では，受託者は利益相反取引のクレームに対し完全に公正なものとして反論することが可能です。

なお，受益者の利益というとき，受託者は金銭的利益以外の受益者の利益を考慮することができるか否か疑問が生じます。制定法やリステイトメントには，受託者が金銭的利益のみを考慮することができると直接述べているものはありませんが，受託者責任はそのように解釈されているようです[21]。

4 ESG投資への忠実義務の適用の議論

最近，Schanzenbach & Sitkoffは，ESG投資をその動機に着目して，「付随的便益型ESG（“collateral benefit” ESG）」と「リスク・リターン型ESG（“risk-return” ESG）」の２つに整理しました[22]。彼らは，道徳的・倫理的な動機や第三者への利益の供与に動機付けられたESG投資を「付随的便益型ESG」と呼び，リスク調整後のリターンを改善することに動機付けられたESG投資を「リスク・リターン型ESG」と呼びます。投資の動機が違いを生むというのです。Schanzenbach & Sitkoffは，「唯一の利益ルール」によれば，受託者自身の経済的・政治的利益または第三者の利益（たとえば環境や社会の利益を含む）を考慮すること，また受託者自身の道徳的・倫理的な理由を考慮することは（これらは付随的便益型です），忠実義務に違反すると述べています。他方で，リスク調整後のリターンを改善するためにESG要素を考慮すること（リスク・リターン型）は許容されます。したがって，彼らによれば⑴受託者がリスク調整後リターンを改善することにより受益者に直接利益をもたらすと合理的に結論付けるとき，かつ⑵ESG投資に対する受託者の唯一の動機がこの直接的な利益を得ることであるとき，そのESG投資は信託法上適法であるといいます。この投資の分類は，ERISA法に基づく先の最高裁判所の厳密な「金銭的利益」の解釈の下でも忠実義務を

21 Richard A. Posner & John H. Langbein, Social Investing and the Law of Trusts, 79 Mich. L. Rev. 72 (1980).

22 Max M. Schanzenbach & Robert H. Sitkoff, Reconciling Fiduciary Duty and Social Conscience: The Law and Economics of ESG Investing by a Trustee, 72 Stan. L. Rev. 381 (2020).

満たします。たとえば，付随的便益型の観点（受託者の道徳観・倫理観など）から化石燃料産業への投資を回避するのは違法であるが，他方で，金融市場は訴訟と規制リスクを過小評価していることを考慮し，あるいは炭素税や省エネ規制により大規模な固定投資が「座礁資産」化するリスクを考慮し，化石燃料産業への投資を回避するのは適法であると主張します。投資の動機に大きな差があるということです。このような解釈でいいのかは以下の第９章で再考します。

Ⅲ ERISA法の公権解釈はどうか

連邦法であるERISA法は企業年金基金の受託者責任を定めており，企業年金制度を所管しているアメリカ労働省（DOL）はERISA法の公権解釈を度々行ってきました。特に年金資産受託者によるESG投資に関する労働省の見解は，長年にわたってさまざまな通達で表明されてきました。2008年の通達の文言は，ESG要因を考慮に入れる投資戦略は不十分であるという懸念を引き起こしてきました。

その後労働省が発表した2015年の解釈通達（Interpretive Bulletin）は，ESGインテグレーションが他の投資戦略よりも優れた財務結果をもたらす可能性があり，したがって慎重な投資家としてESG要因を検討する可能性があるという理解を示しています。すなわち，年金資産の受託者はリスク・リターンに影響を与える可能性のある要素を適切に考慮すべきであるところ，ESG要素は投資の経済的価値と直接関係する可能性がある。そのような場合，ESG要素を投資対象の選定の際の経済分析に組み込むことは適切である，と述べています。ESGがリスク・リターンに影響を与えるのであれば，それを適切に考慮することができ，それは受託者責任に反しないということです。この通達によれば，ESG要素はタイブレーカー（同順位の場合に優劣をつける）としてだけではなく，投資先選定の際の経済的メリットに関する分析要素の１つとなりえます。

2018年の実務通達（Field Assistance Bulletin）において，労働省は「年金資産の受託者は，付随的な社会政策目標を促進するために，年金資産を使用して，投資収益を犠牲にすることや追加の投資リスクをとることは許されない」と付け加えました。2018年通達は，慎重な投資家基準に基づいて行動する受託者は，財務に影響を与える重要なESG要素を考慮する必要があることを確認しています。この通達はまた，「競合する投資が年金プランの経済的利益に等しく役立つ場合，年金資産受託者は，投資先選択のタイブレーカーとして，付随的な考慮事項を使用できる」とも繰り返し述べています。

Ⅳ ESG投資による追加のコストとパフォーマンス

そもそもESG基準を組み込んだ投資戦略を用いた場合，コストやリターンに影響はあるのでしょうか。

SRIやESG投資にはコストがかかるという懸念が示されることがありますが，最新のポートフォリオ理論ではどのように考えられているのでしょうか。SRIファンドと非SRIファンドを比較した研究では，ほとんどのSRIファンドがリターン・ポジティブまたはニュートラルな結果を出していることがわかりました。SRIファンドのネガティブな結果を示すいくつかの研究はネガティブ・スクリーニングに焦点を当てていますが，どのような形のSRIでも必ずリスク調整後のリターンが低くなるという結論を示す研究はありません。日本のある研究でも，ESG（又はSRI）投資のパフォーマンスは，株式投資リターンについて，ポジティブとネガティブ（もしくは無相関）の２つの相反する結果が示されており，その見方に統一的な見解を見出せていないとしています。

持続可能性の実践が会社のコストを増加させ，それによって競争上の不利益をもたらすという想定は正しいのでしょうか。ある研究では，持続可能性の高い企業は持続可能性の低い企業よりも株式市場と会計上の両方の評価で優れていることが確認されました。2015年３月にリリースされたこのメタスタディは，持続可能性の実践を組み込んでいる企業に全体的にプラスの経済的影響があることを発見しました。この研究は，ESGの課題に注意を払うことで会社固有のリスクと外部コストの両方を軽減できると述べています。またある調査では，堅牢な財務分析の一部としてESG係数を使用する戦略では，非ESGポートフォリオ投資と比較した場合，ポートフォリオに必要な追加コストは発生しないとのことです[23]。

ESGインテグレーションにより，長期間にわたってリスク調整後のリターンが改善される場合もあります。ESG投資は，本来は長期的な効果を目指したものですから，その投資パフォーマンスの検証に際しても，経済的価値と両立するESG投資となっているかを長期的に検証していくことが今後の課題といえましょう。

23 Susan N. Gary, Best Interests in the Long Term: Fiduciary Duties and ESG Integration, 90 U. COLO. L. REV. 731 (2019) at Section II. B, C.

第9章

ESG投資と変化

I　ESG投資の手法

ESG投資にはさまざまな手法が採用されていますが，それはすべて受託者責任を満たしていると考えられるのでしょうか。まず投資の手法としてはどのようなものがあるのでしょうか。

① ネガティブ・スクリーニング（Negative/Exclusionary screening）

あらかじめ特定の社会的または環境に対するテーマや基準を設け，それを満たさない企業の株式や債券を投資対象から排除する手法です。例として武器製造企業，化石燃料発電企業，児童就労を強いる企業などに適用されます。アルコールやタバコ，ギャンブル製品の製造企業の銘柄は「罪ある株式（sin stocks）」とも呼ばれ，これらを排除する投資信託も流通しています。

② ポジティブ・スクリーニング（Positive/Best-in-class screening）

従業員政策，環境保護，人権などの社会問題や環境問題で優れた企業に投資する手法です。選別の際，環境汚染や職場慣行，ダイバーシティ，製品の安全性など，複雑な問題の分析が必要となります。

③ 国際規範スクリーニング（Norms-based screening）

ESG分野での国際基準に照らし合わせ，その基準をクリアしていない企業を投資先リストから除外する手法です。よく使われる国際基準に以下のものがあります。

- 国際労働機関（ILO）が定める「児童労働」「強制労働」などの規範

- 経済協力開発機構（OECD）が定める「経済成長」「開発・貿易」などの規範
- 国際連合機関が定める環境ルール
- 2000年に発足した「国連グローバル・コンパクト」

④　サステナビリティー・テーマ投資型（Sustainability themed investing）

サステナビリティー（持続可能性）を全面に謳ったファンド，特に社会や環境に関して特定のテーマを設定したもので，それに関連する企業を対象とする投資手法です。世界規模で見ればこの投資手法の占める割合はごくわずかだといわれています。たとえば，再生可能エネルギー投資ファンド，エコファンドなどが挙げられます。

⑤　インパクト投資型（Impact/Community investing）

社会・環境に貢献する技術やサービスを提供する企業に対して行う投資手法をいいます。コミュニティの発展を目指した「コミュニティ投資」も含まれます。インパクト投資に注目したポートフォリオには，社会的に望ましい成果をもたらす製品やサービスを提供する企業の銘柄が挙げられます。

⑥　ESGインテグレーション（ESG integration）

投資先選定の過程で，従来考慮してきた財務情報だけでなくESGの非財務情報も含めて分析をする手法をいいます。ESG投資の中でも最も注目されている手法で，特定の銘柄を除外・選抜せず，ESG要素を考慮して全体の銘柄評価の中から判断していきます。特に年金基金など長期投資家が将来のリスクを考慮して積極的に非財務情報を活用していく投資手法です。

⑦エンゲージメント・議決権行使型（Corporate engagement and shareholder action）

株主として企業に対してESGに関する案件に積極的に働きかける投資手法をいいます。上記６つの手法とは異なり，投資先企業に対しエンゲージメントや議決権行使を積極的に行い，その際ESGの考慮を投資先に働きかける，いわゆるアクティビスト型の戦略です。

ESG投資の手法別・地域別投資残高を見ると，**図表９-１**に示すとおり，欧州ではSRIが盛んであった背景もありネガティブ・スクリーニングが最も多い手法です。たとえば世界最大級の政府系ファンド（SWF）であるノルウェー政府年金基金グローバル（GPFG）は，2015年石炭関連株を，2019年石油・ガス関連株の一部を投資先から除外すると発表しました。GPFGの場合，倫理委員会が各企業への投資が倫理指針に沿っているか否かの評価を行なって諮問し，最終的に決定がなされます。このような政府系ファンドの投資引揚げ（ダイベストメント）は，他国の年金基金や機関投資家にも影響

図表９-１　ESG投資手法別・地域別残高（2018年）

	ヨーロッパ	アメリカ	カナダ(CAD)	オーストラリア/ニュージーランド(AUD)	日本	世界(USD)
ネガティブ・スクリーニング	€9,464.49	$7,921.21	$878.20	$225.84	¥17,328.22	$19,770.96
ESGインテグレーション	€4,239.93	$9,502.51	$1,889.60	$767.54	¥121,511.83	$17,543.81
エンゲージメント・議決権行使	€4,857.55	$1,763.00	$1,496.90	－	¥140,754.58	$9,834.59
国際規範スクリーニング	€3,147.98	－	$981.30	－	¥31,604.11	$4,679.44
ポジティブ・スクリーニング	€585.73	$1,102.11	$11.80	－	¥6,425.28	$1,841.87
サステナビリティー・テーマ投資	€148.84	$781.43	$40.99	$31.36	¥1,191.56	$1,017.66
インパクト投資	€108.58	$294.88	$14.75	$8.09	¥822.99	$444.26
合計	**€12,305.55**	**$11,995.00**	**$2,132.31**	**$1,032.84**	**¥231,952.25**	**$30,682.89**

出所：Global Sustainable Investment Review 2018.

を及ぼしています。一方で，アメリカ，カナダ，オーストラリア／ニュージーランドでは，ESGインテグレーションが主流であり，日本においてはエンゲージメント・議決権行使型とESGインテグレーションがほぼ同じ割合で最多となっています。世界的には，ネガティブ・スクリーニングが多く，ESGインテグレーションが僅差で続き，エンゲージメント・議決権行使型がこれらの半分であります。

受託者責任の観点から，上記投資手法のいくつかは好ましくないといわれることがあります。フレッシュフィールズ報告書では，「特定の投資先を事前にネガティブ・スクリーニングするよりも，特定の銘柄に投資しないことをケースバイケースで決定するほうが賢明である」と述べられています。確かに，Schanzenbach & Sitkoffによる「付随的便益型ESG」と「リスク・リターン型ESG」の２分法において，ESGインテグレーションは「唯一の利益ルール」の下でもリスク・リターン型として適法とされる可能性は高いでしょう。他方で，あるテーマのみで投資対象から除外するネガティブ・スクリーニングは，彼らの２分法からも，また受益者の金銭的利益を基準とする最高裁判例の趣旨からも，違法とされる可能性は低くないと思われます。

Ⅱ　ESG投資に関連した信託の変化

1　信託における公平性

ほとんどの信託，すべての年金基金には複数の受益者がいます。たとえば，年金基金には世代の異なる参加者がいて，しかも分配の対象となる時期が異なります。信託法第３次リステイトメント79条に規定されているように，公平義務（duty of impartiality）は，異なる世代の受益者を公平に扱うことを受託者に要求します。異なる世代はそれぞれ競合する金銭的利益を有しています。したがって，この公平義務は受託者にすべての受益者を平等に扱うことを要求しませんが，信託，計画，または目的に応じて，すべての現在および将来の受益者の異なるニーズを考慮することを要求します。長期的な価値の維持は，公平性の義務が世代間にわたって適切に履行できるかを懸念する受託者にとって重要です。長期的なシステミック・リスクが受益者に影響を与える可能性がある場合，重要な長期的情報を無視すれば慎重な投資家基準に違反する可能性が生じます。

2　受益者の最善の利益を促進するための慎重な取引は許されるべき

Schanzenbach & Sitkoffによれば，忠実義務の「唯一の利益」ルールは，ERISA法の下での必須のルールであるとともに，その他の信託においてはデフォルト・ルールです。この区分に従うとERISA法上は付随的便益型ESGは完全に禁止され，その他信託法上は原則的に禁止となります。ESG投資に対する受託者の唯一の動機がリスク調整後のリターンを得ることである場合には，「唯一の利益」ルールからもこのようなESG投資は許容されることになります。

これに対し，信託法の大家であるLangbeinは，受託者が何らかの利益を得る，または得る可能性があるとしても，それが受益者の最善の利益を促進するための慎重な取引であれば忠実義務の目的に最もよく合致すると考えます[24]。Langbeinは，唯一の利益ルールは予防的観点を強調しすぎて過剰な抑止になっていて，かえって有益

16　John H. Langbein, Questioning the Trust Law Duty of Loyalty: Sole Interest or Best Interest?, 114 Yale L.J. 929 (2005).

な自己取引が行われなくなることに疑問を呈しています。つまり，受託者が受益者の最善の利益基準で行動する場合，受益者の最善の利益と一致するような利益相反取引は許容されるべきといいます。彼の見解によれば，自己取引でも受益者の最善の利益を図ったものであると受託者は反証できることになります。Langbeinは次のようにまとめています。⑴受託者は，受益者の最善の利益のために信託を管理する義務がある。⑵受益者の唯一の利益のために信託を管理しない受託者は，受益者の最善の利益のために管理していないと推定される。しかし受託者は，受益者の唯一の利益ではない取引が受益者の最善の利益のため慎重に行われたことを示すことにより，この推定を覆すことができる，と。Langbeinの見解の眼目は，自己取引に対しても反証不能ルール（no further inquiry rule）ではなく最善の利益ルールを適用しようとするところにあります。自己取引などの受益者にとって危険度の高いとされるものについては，厳格な反証不能ルールが十分な検証がなされることなく適用されてきたからです。Langbeinの見解の根拠はどうでしょうか。利益相反の可能性のある行為を受託者が簡単に隠すことができるという懸念は，昔は確かにありました。しかし，現代では信託の記録管理のルール，慣行，技術が各段に改善されたこと，また受託者の開示義務が強化されたことにより，この懸念は実質的に解消されました。Langbeinは，このような現状認識を前提に，唯一の利益ルールによる過度の抑止が受益者の利益をかえって損なうと主張しています。私はこの意見に基本的に賛成します。

3　統一信託法

統一信託法（Uniform Trust Code）は，本来遺言代用信託（a

substitute for the "last will and testament"）についての取扱い等を整備しつつ信託法の平準化を主な目的としていました。しかし信託が金融や投資などの分野で使われている現状からこれへの対応も統一信託法ではなされています。ミューチュアルファンドに関連して生じる一定の利益相反行為についてはその必要性や有用性から許容するなど，リステイトメントとは一線を画しています。たとえば802条ｆ項は受託者が信託財産をミューチュアルファンドに投資している場合に関する定めです。受託者がミューチュアルファンドの証券を管理したりファンドに投資のアドバイスを行うなどしてサービスの対価としてファンドから報酬を受け取る行為は802条ｂ項の利益相反に該当する可能性がありますが，ｆ項はこれを許容する例外を定めています。またファンドが受託者の子会社や関連会社によって運営されている場合には802条ｃ項によって自己取引と同視され利益相反があると推定されますが，ｆ項はこの推定を排除しています。このように統一信託法802条は多様な利益相反行為を類型化して処理することで反証不能ルールを画一的に適用することを排除している画期的な条文です。この統一信託法の802条はLangbeinの先の見解の影響を受けているとされます。

4　Langbeinへの批判

もちろんLangbeinの見解には批判もあります。たとえば，Leslieは反証不能ルールを放棄して最善の利益ルールを採用した場合受益者は大きな不利益を被ると批判します[25]。受託者への責任追及訴訟で十分な証拠を持たない受益者には不公正取引の証明は難しいからです。この文脈からLeslieは会社取締役の信認義務の考え方を信託に持ち込むことに反対しています。受益者は受託者の行為をモニタ

25　Melanie B. Leslie, In Defense of the No Further Inquiry Rule: A Response to Professor John Langbein, 47 Wm. & Mary L. Rev. 541（2005）.

ーする能力がなく信託からの離脱も簡単ではない。したがって厳格な反証不能ルールが依然として必要だと主張します。この観点からLeslieは統一信託法802条f項に対しても批判をしています。これまでリステイトメントでは受託者の関連会社との取引は自己取引と見なされ唯一の利益ルールが適用されてきたにもかかわらず，統一信託法により利益相反に対し反証できることになったことは不適切であるというのです。もちろんこの見解にも一理あります。この点の解決の糸口は，なぜ信託法において唯一の利益ルールや反証不能ルールが生じたのか，また現在でもそれを維持する理由があるのかだと思われます。

5　会社法と信託法の違い

ここで信託法の受託者と会社法の取締役を取り巻く利害状況の異同に目を向けてみましょう。アメリカ会社法では忠実義務（duty of loyalty）の用語は一般的な概念としては存続していますが，会社制定法やモデル法としてはすでに放棄されました[26]。その理由を考察することは重要な視点を提供してくれます。

かつて会社法は信託法の唯一の利益ルールを取締役・企業間の取引に適用していました。しかし，19世紀後半から20世紀にかけて会社法は方向を転換し，信託法のこのルールの適用を放棄しました。会社法は，一定の利益相反取引が企業に利益をもたらす可能性があることを認め，全面禁止を制限規制に置き換えました。さらに進んで，American Law Instituteの「コーポレートガバナンスの原理：分析と勧告」(1992年)（以下「ALI原則」という）では，「忠実義務」という用語を使用せず，代わりに「公正取引の義務（the duty of fair dealing)」という用語を使用しています。これは大きな驚きを

26　取締役の信認義務に関する近時の論文としては以下が丁寧に解説を加えています。酒井太郎「米国会社法学における取締役の信認義務規範(1)」一橋法学 11巻 3 号779頁（2012),「米国会社法学における取締役の信認義務規範(2・完)」一橋法学12巻1号89頁（2013)。

もって受け取られました。

現代のアメリカ会社法では，取締役の利益相反取引に対処するために，開示，委任，公正性という３つの原則を強調しています。

(1) 利益相反する取締役は，利益相反および重要な事実を他の取締役に開示する。(模範会社法8.60(4)；ALI原則5.02(a)(1)参照)

(2) 利益相反取引を承認する決定は利益相反でない取締役に委任される。(模範会社法8.61(b)(1)，8.62(a)，(d)；ALI原則5.02(a)(2)(B)参照)

(3) 委任された取締役は，承認の決定をする際に，企業に対する公正性の基準に照らして当該利益相反取引を審査する。(模範会社法8.61(b)(3)；ALI原則5.02(a)(2)(A)参照)

企業活動には，取締役と利益が重複または相反する取引が常在しています。たとえば，取締役又はその関係者・グループが，当該企業のサプライヤー，貸し主，顧客，またはベンチャー・パートナーであることはあり得る事態です。そのような状況では，企業と取締役の利益相反取引は，多くの場合，相互に有利な取引を禁止することよりもこれを認めることによって，よりよく企業利益を促進させます。会社法の権威のRobert Clarkは，一定の自己取引は事実上防止できないだけでなく，企業にとっても有利であるため，すべて禁止とするより選択できるルールに移行したと述べています。最善の利益ルールでは，利益相反取引が受益者にとって最善の利益になるかどうかを判断すればよく，受益者にとっては禁止ルールではなく規制ルールのほうが有益である可能性が十分にあります。最善か否かは，上記の公正性基準に従い司法審査を受けます。

6　わが国の会社法の忠実義務

わが国の会社法を見ると，取締役は職務遂行につき善管注意義務を負うとされます（会社法330条，民法644条）。他方で，取締役は会社のために忠実に職務を行う義務があります（会社法355条）。この忠実義務の意味については，アメリカ判例法と同じように取締役がその地位を利用し会社の利益を犠牲にして自己又は第三者の利益を図ってはならない義務と考える見解（異質説）と，善管注意義務と区別しない見解（最判昭和45年6月2日の立場）（同質説）が対立しています。法律的には後者としても，用語として上記のような利害状況における義務を特別に忠実義務と呼ぶことは便利なので，学術的にも実務上も異質説的な意味あいで忠実義務という用語はよく使用されます。会社法は，会社と取締役の利益が衝突する場面につき，競業取引（356条1項1号）と利益相反取引（同条項2・3号）を取り出して，取締役会の承認を条件に（365条1項），当該取引を認めています。この枠組みについては，そのような取引には会社をリスクにさらす危険もあるが，会社がその取引を必要とする場合もあるので，一律禁止というルールをとらなかったと説明されています。この点はアメリカと同じです。

7　投資対象のファンドは伝統的な信託と異なるのか

“誘惑の予防”を根拠とする唯一の利益ルールは，利益相反取引が受益者にとって有益である可能性が低く，受益者の監視が機能しない状況に適しているといわれます。このような状況の下で，信託法のポリシーは，受託者が実際に誘惑に屈したときに受託者の不正行為を明らかにして罰することではなく，誘惑の芽を完全に（事前に）取り除くことにあります。現代のファンドではどうでしょうか。

まず，信託は，家族の不動産を管理・移転するための道具から金融資産のポートフォリオのための現代型のツールへと大きく変化し，これにより信託に求められる機能と性格が変化したことを指摘しなければならないでしょう。さらに，これらの変化は現在，信託法の慎重な投資家基準に反映されており，また信託受益者への開示義務の拡大によって担保されています。このように，現下の信託管理においては，“禁止ルールがない場合に受託者が不正流用の証拠を簡単に隠ぺいし責任を免れる恐れ”は大幅に低減されており，したがって反証不能ルール（唯一の利益ルール）を維持する理由は乏しくなっています。また，金融サービス業界では，金融機関は受益者の利益のためだけではなく，自社とその株主のために営利活動を行っています。また，たとえばヘッジファンドのマネージャーがファンドのポートフォリオの複雑な商品を評価するプロセスは，マネージャーの報酬の決定に至るまで影響を与え利益相反を引き起こします。アメリカでも，たとえば前述の統一信託法の例に示されているように，唯一の利益ルールの範囲は縮小されています。

さらにもう1つの観点は“信託からの撤退”の難易です。信託法は信託受益者が信託財産を処分したり，受託者の管理権限を逃れたりする権限を制限しています。他方で，上場企業の株主は，株式を売却することにより投資先の企業から撤退することができます。しかし，ほとんどのファンドの投資家は特別な出口権（exit right）を持ち（もちろんファンドのタイプによって強弱は異なりますが）定期的に資金を引き出したりマネージャーを変えたりすることができます。

これらの状況を踏まえれば，利益相反取引を承認するルールである「最善の利益ルール」のほうがこれを完全に排除する「唯一の利益ルール」よりも優れているのではないかと思います。ただしすべての場合に「最善の利益ルール」を適用すべきとは思いません。モニタリングと情報開示により受益者が十分情報を得て適切に審査できるか，出口権は十分に保証されているか，有用な利益相反取引がある程度想定されるかなどを総合的に判断することになるでしょう。なお，わが国信託法においては，利益相反の例外を認める31条2項4号の解釈によることになります（163頁参照）。アメリカ信託法における議論からどのような示唆を得ていくのかは今後の課題です。

8　小括として（私見）

これまでの議論を少しまとめてみましょう。会社においては，内部化されていない外部コストを内部化することを迫られており，ステークホルダー利益を考慮する必要性が生じます。したがって単に市場価値を基準として株主利益最大化を図るのではなく，むしろ株主厚生の最大化を図るべきでしょう。同じように，ファンドにおいては，最新のポートフォリオ理論に基づき，ESG要素を考慮しつつ持続可能な投資価値の最大化を図ることになります。これはアメリカでは慎重な投資家基準に従うことになります。忠実義務についてはどうでしょうか。会社の取締役の忠実義務は，アメリカでは公正取引義務に取って代わられました。信託受託者の忠実義務ですが，利益相反の余地を承認するルールである「最善の利益ルール」のほうが「唯一の利益ルール」より優れていると考えます。受託者は，受益者の最善の利益のため慎重な投資家基準で行われたことを示せばよいことになります。

さて，ここで会社・ファンドの目的は何か（**図表9-2**）という議論に戻りたいと思います。本書のテーマからすると，企業価値の促進に資する限度でステークホルダー利益（＝ESG要素）を促進することができるのか，それとも企業価値の促進に資さない場合でも（それに反してでも）ステークホルダー利益を促進することができるのかという議論です。本書で“公共の利益のために会社利益を犠牲にできるのか”という議論（119頁）をしましたがこれと通じています。

まず，ステークホルダー利益を促進すれば会社利益が犠牲になるか自体が困難な問題です。ステークホルダーとして従業員を例にとれば（ESGのS），従業員給与を上げれば利益は圧縮され株主の残余財産は減少するが，従業員給与を上げれば従業員の士気が上がり利益が増加するかもしれません。ステークホルダーとして環境を例にとれば（ESGのE），環境に優しい商品を作ればコストが上がるが，市場が好感し売上げが上がるかもしれません。

さらに（こちらが重要ですが），ステークホルダー利益を促進することで会社利益が犠牲になる場合，ステークホルダー利益を促進することは許されないのかという問題があります。ESG投資やESG経営について考える際，会社の目的は何か，会社は誰の利益を最大化すべきかという議論に戻っていくと思います（134, 135頁も参照）。会社の経営は資本主義システムの中心にあるからです。

株主は会社や経営者に対して，株主利益の最大化（市場価値の最

図表9-2　ファンドと会社の比較

	受託者義務（特に忠実義務）	何を最大化するか
ファンド 受託者	忠実義務 唯一利益説（予防中心） v. 最善利益説（事後評価）	投資利益最大化 v. ESG投資（＝ステークホルダー利益を考慮する投資）
会社 取締役	唯一利益説を放棄し，公正取引義務を課す	会社の市場価値の最大化 v. 株主厚生の最大化

出所：筆者作成

大化）のみで評価・判断をしているでしょうか。これはフリードマンの時代とは少し状況が異なっているのでしょう。多くの株主は，“気候変動に対処するため”など正しいことをするためには，リターンを少しだけ犠牲にすることは厭わないと考えているでしょう。アメリカのトップ企業のCEOらがラウンドテーブルで株主至上主義からの脱却を宣言したことは，実務界からの声と考えられます。社会や株主が，株主利益の最大化のみに目を向けているわけではなく，持続的成長に目を向けている以上，この観点を法律論からも包摂していく必要があります。小手先の対応としては経営判断原則によりある程度対処できるでしょう。しかし，果たしてそれでいいのでしょうか。

ファンドの観点からはどうでしょうか。受託者は受益者の金銭的利益のみを考慮することができるのが原則であり，また最新のポートフォリオ理論はリターンの最大化を目指すものと論じられてきました。しかし，何が受益者の最善の利益なのか，換言すればそれは金銭的な投資利益の最大化（リターンの最大化）と本当にイコールなのかという点が同じように問題となります。エクイティ投資の場合，投資対象の企業が外部コストを内部化しなければならず，株主厚生の最大化を目指すというのであれば，投資目的や投資リターンに関する考え方も，こういった会社の目的や企業価値の考え方に追随することになるはずです。SRI（社会的責任投資）は社会的厚生を引き上げる可能性があると従前いわれてきました。現代は投資による社会的効用の向上に対して理解があると考えてもよいのでしょう。投資リターンを犠牲にしても社会的厚生を引き上げることが許容されるかという問題に引き換えて考えることになります。法学の立場からも，この点についてあらためて真剣に向き合う時期に来ていると思います。

フリードマンが主張するような，会社は単なる金儲けの器にすぎないといってはばからない時代は過ぎました。大きすぎてつぶせない会社，社会経済的に有用性が高くつぶせない会社の救済には税金が投入されます。たとえば交通，エネルギー，ITなどのインフラは公器といえます。しかし，すべての企業が利益最大化を度外視して社会的効用に走るべきとはいっていません。それの当否，程度を判断するのは経営者であり，最終的には市場です。確かに，株主利益最大化は明らかな基準であってこれを曖昧にすれば経営者の無責任をもたらすという批判は正鵠を得ています。とはいっても20世紀半ばからすれば経営者の裁量の幅（経営判断）は広がってきています。ESGやSDGsの議論を契機として，思考停止することなく，会社の目的，ファンドの目的について今一度議論を深めるべきです。これは現代の資本主義経済において法律家も直視すべき最も重要な問題の１つであると思います。

Ⅲ　ESG要素に関する情報開示の課題

ESG情報の自主的な開示の要求はかなり高まっており，企業側からの情報開示が不可欠であります。特に「最善の利益ルール」に舵を切り利益相反取引を承認対象とするとなれば，情報開示の要請はさらに高まります。わが国のほとんどの大企業はCSRレポートまたはサステナビリティ・レポート，あるいは統合報告書を自発的に作成しています。ただし，これらの自発的開示の内容，タイミング，範囲にはばらつきがあり，他社と比較評価できず問題化しています。

アメリカのレギュレーションS-Kに関するコンセプトリースに関して上述しましたが，わが国でもESG情報を含む企業の長期的なリスクとパフォーマンスに関する情報を開示するための包括的なフレームワークを明確にする時期にきています。

Ⅳ むすびにかえて

2019年，2020年は環境問題，新型コロナウィルスに起因する事業継続計画（BCP）問題についてあらためて考えさせられる年でした。わが国では巨大地震や豪雨など主として大災害を想定してBCPが策定されてきましたが，新型コロナウイルス感染症拡大によるグローバル・サプライチェーンの機能停止などにより企業の持続可能性へのリスクがあらためて意識されるようになりました。2020年度金融行政方針（2020年８月公表）は，企業がコロナ後の経済社会構造に向けた変革を主導できるためのコーポレートガバナンスの課題を述べています。具体的には，企業がデジタル・トランスフォーメーションの進展やサプライチェーンの見直し，働き方改革（在宅勤務を含む）にどう対応していくか，またこのような対応を持続可能なビジネスモデルの確立につなげていくための企業と投資家の間での建設的な対話のあり方について検討を加えています。企業としてはこのようなシステミック・リスクに対処する管理体制を構築することがコーポレートガバナンスそのものですし，また，こうしたESG課題への取組みを新たな事業機会と捉えることも重要です。ESG投資の投資先選別はそうした取組みへの評価でもあります。今後もESGへの積極的な取組みを求められる場面が増えることが予測されます。

索　引

【さ】

【た】

【著者紹介】

大塚　章男（おおつか・あきお）

専門：国際企業法・会社法
1984年　一橋大学法学部卒業
1986年　弁護士登録。以降渉外法務・企業法務に携わる
1990年　サザン・メソジスト大学法学修士課程修了LL.M.
1991年　サザン・メソジスト大学経営学修士課程修了 MBA
2001年　筑波大学大学院修了　博士（法学）
2005年　筑波大学教授〔現在〕
2013年　筑波大学ビジネス科学研究科法曹専攻長（2015年まで）
2018年　筑波大学大学院ビジネス科学研究科長（2020年まで）

〈主要著作〉

本書の論点に関する論文として，「コーポレート・ガバナンスにおける今日的課題―権限集中と利益調整原理―」筑波ロー・ジャーナル10号51頁(2011)を基点として他多数。

〔海外論文〕

Can the World's Largest Pension Fund, Japan's GPIF, be a Responsible Steward? Stewardship Responsibility as Asset Owner, Journal of Governance and Regulation vol.9, p.44 (2020)

For Institutional Investors, the Alternative of "Exit or Voice", or "Empowerment or Engagement" in U.S. and U.K., International Comparative, Policy & Ethics Law Review vol.2, p.673 (2019)

Reforms of Corporate Governance: Competing Models and Emerging Trends in the United Kingdom and the European Union, South Carolina Journal of International Law and Business vol.14, p.71 (2017)

〔著書〕

『事例で解く国際取引訴訟―国際取引法・国際私法・国際民事訴訟法の総合的アプローチ―（第２版）』（日本評論社, 2018）

『英文契約書の理論と実務』（中央経済社, 2017）

他多数

2021年３月10日　初 版 発 行
2021年６月15日　初版２刷発行　　　略称：ESG経営

法学から考える
ESGによる投資と経営

著　者 ©　大 塚 章 男
発行者　　中 島 治 久

発行所　同 文 舘 出 版 株 式 会 社
東京都千代田区神田神保町1-41　〒101-0051
営業（03）3294-1801　編集（03）3294-1803
振替 00100-8-42935　http://www.dobunkan.co.jp

Printed in Japan 2021

製版　一企画
印刷・製本　三美印刷
装幀　志岐デザイン事務所

ISBN978-4-495-39038-9